黑龙江省七台河市区

耕地地力评价

王景峰 姜玉军 姜铁军 主编

U0272124

中国农业科学技术出版社

图书在版编目（CIP）数据

黑龙江省七台河市区耕地地力评价／王景峰，姜玉军，姜铁军主编. —北京：
中国农业科学技术出版社，2018.12
ISBN 978-7-5116-3965-3

Ⅰ.①黑… Ⅱ.①王…②姜…③姜… Ⅲ.①耕作土壤-土壤肥力-土壤调查-
七台河市②耕作土壤-土壤评价-七台河市 Ⅳ.①S159.235.3②S158

中国版本图书馆 CIP 数据核字（2018）第 289968 号

责任编辑　徐　毅
责任校对　李向荣

出 版 者　中国农业科学技术出版社
　　　　　北京市中关村南大街 12 号　邮编：100081
电　　话　(010)82106636(编辑室)　　(010)82109704(发行部)
　　　　　(010)82109709(读者服务部)
传　　真　(010)82106631
网　　址　http://www.castp.cn
经 销 者　各地新华书店
印 刷 者　北京建宏印刷有限公司
开　　本　787mm×1 092mm　1/16
印　　张　11.875
彩　　插　16
字　　数　300 千字
版　　次　2018 年 12 月第 1 版　2018 年 12 月第 1 次印刷
定　　价　80.00 元

《黑龙江省七台河市区耕地地力评价》
编 委 会

主　任：张立新

副主任：王景峰　周月凤　董娟

委　员：姜玉军　姜铁军　郭桂玉　郝永芳
　　　　莫晓红

主　编：王景峰　姜玉军　姜铁军

副主编：周月凤　董娟　郭桂玉

编　者：（按姓氏笔画为序）

　　　　马　强　王　巍　白　鹤　李宝芹

　　　　吴　娟　张志雪　张跃文　林　岩

　　　　郑成成　郝永芳　莫晓红　唐友鹏

前　言

　　土地是人类赖以生存的条件，是所有生命活动和物质生产的基础，土地的精华——耕地，是人类社会可持续发展不可替代的生产资料。新中国成立以来，我国进行的两次土壤普查的成果，在农业区划、中低产田改良和科学施肥等方面，都得到了广泛应用，为农业综合开发利用、农业结构调整、基本农田建设、农业新技术研究应用、新型肥料的开发等各项工作提供了科学依据。但第二次土壤普查到现在，已经过去了20多年，在此期间，我国农村经营管理体制、耕作制度、作物布局、种植结构、产量水平、有机肥和化肥使用总量及农药使用等诸多方面都发生了巨大变化，这些变化必然会对耕地地力产生巨大的影响。

一、项目背景

　　为了切实加强耕地质量保护，贯彻落实好《基本农田保护条例》，农业部决定在"十五"期间组织开展全国耕地地力评价工作《农业部办公厅关于印发〈2003年耕地地力调查与质量评价工作方案〉的通知》（农办农〔2003〕25号）。2009年黑龙江省土肥管理站将七台河市区（本书中凡提及七台河市区或市区仅包括新兴区、桃山区和种畜场，后同）列入测土配方施肥项目单位。根据农业部的要求和省土肥管理站的部署，七台河市农业技术推广中心结合测土配方施肥项目开展了耕地地力评价工作。长期以来，我国盲目施肥和过量施肥现象较为严重，因此，不仅造成肥料的严重浪费，增加农业生产成本，而且影响农产品品质，污染环境。党中央、国务院领导已多次做出批示，要切实加强对农民科学合理施肥的指导，提高肥料利用率，降低环境污染。时任国务院总理温家宝要求把推广科学施肥技术作为农业科技革命的一项重要措施来抓。2005年及2006年连续两年的中共中央国务院一号文件（简称中央一号文件，全书同）都明确提出，要大力推广测土配方施肥技术，增加测土配方施肥补贴。

开展测土配方施肥有利于农业增产、节本、增效，有利于保护耕地质量，有利于节能、低耗、减少环境污染，有利于农业可持续发展，是促进粮食生产安全、稳定、农民持续增收、生态环境不断改善的重大举措。

二、目的意义

（一）耕地地力评价是深化测土配方施肥项目的必然要求

测土配方施肥不仅只是一项技术，而且是从根本上实现肥料资源优化配置、提高肥料效益的基础性工作。现在的推广服务模式无论从范围还是效果上都很难适应为千家万户或者规模化生产模式的生产者提供施肥指导。以县域耕地资源管理信息系统为基础，可以全面、有效地利用第二次土壤普查、肥料田间试验和此次测土配方施肥项目数据库的大量数据，开展耕地地力评价，建立测土配方施肥信息系统，科学划分施肥分区，提供因土因作物施肥的合理建议，通过网络等多种方式为农业生产者提供及时有效的技术服务。因此，耕地地力评价是测土配方施肥工作必不可少、意义重大的技术环节。

（二）耕地地力评价是掌握耕地资源质量的迫切需要

全国第二次土壤普查结束已经20多年了，耕地现有质量状况的全局不是十分清楚，农业生产决策受到极大影响。通过耕地地力评价工作，结合第二次全国土壤普查资料，科学利用此次测土配方施肥所获得的大量养分数据和肥料试验数据，建立并完善县域耕地资源管理信息系统，进一步系统研究不同耕地类型土壤肥力演变与科学施肥规律，为加强耕地质量建设提供依据。

（三）耕地地力评价是加强耕地质量建设的基础

耕地地力评价结果，能够很清楚地揭示不同等级耕地中存在的主要障碍因素及对粮食生产的影响程度。利用这个耕地决策服务系统，能够全面把握耕地质量状态，做出耕地土壤改良的科学决策。同时，根据主导障碍因素，提出更有针对性和科学性的改良措施，进一步完善耕地质量建设工作。

耕地质量建设对保证粮食生产安全具有十分重要的意义。随着工业化、城镇化进程的加快，耕地面积减少的趋势难以扭转。耕地数量的减少和粮食需求总量的增加，决定了我们必须提高单产，高质量肥沃的耕地是提高粮食单产的基础。

随着测土配方施肥项目的深入、常规化开展，我们可以不断地获得新数据，及时更新耕地资源管理信息系统，及时掌握耕地质量状态。因此，耕地地力评价是加强耕地质量建设的基础工作。

（四）耕地地力评价是促进农业资源优化配置的现实需求

耕地地力评价因子是影响耕地生产能力，如土壤养分含量、理化指标、障碍因素等土壤理化性状和土壤管理等方面的自然因素，结合耕地土壤灌溉保证率、排水条件等人为因素，耕地地力评价为调整种植业结构，优化农业产业布局，实现农业资源的优化配置提供了科学、便利、可靠的依据。

三、主要成果

本次耕地地力评价，建立了规范的七台河市区测土配方施肥数据库和县域耕地资源管理信息系统，并编写了《七台河市区耕地地力评价工作报告》《七台河市区耕地地力评价技术报告》《七台河市区耕地地力评价专题报告》。在编写过程中，参阅了《七台河市农业区划》《七台河土壤》《七台河市 2000—2009 年统计年鉴》，并借鉴了省土肥管理站下发有关省、市的耕地地力调查与评价材料。在 GIS 支持下，利用土壤图、土地利用现状图叠置划分法确定区域耕地地力评价单元，分别建立了市区耕地地力评价指标体系及模型，运用层次分析法和模糊数学方法对耕地地力进行了综合评价。将市区耕地面积 13 818.9hm^2 划分为 4 个等级：一级地 1 174.3hm^2，占耕地总面积的 8.5%；二级地 2 209.9hm^2，占耕地总面积的 16.1%；三级地 5 906.7hm^2，占耕地总面积的 42.7%；四级地 4 528hm^2，占耕地总面积的 32.7%；一级、二级地属高产田，面积共 3 384.2 hm^2，占耕地总面积的 24.6%；三级地为中产田，面积为 5 906.7hm^2，占耕地总面积的 42.7%；四级地为低产田，面积 4 528hm^2，占耕地总面积的 32.7%。按国家等级划分，市区所属耕地为五级和六级两个等级，其中，五级地面积为 3 440.9hm^2，占耕地总面积的 24.9%；六级地面积为 10 378.0hm^2，占耕地总面积的 75.1%。

另对七台河市区耕地土壤主要理化属性进行了分析，归纳了不同土壤属性的变化规律。该项目的完成构建了七台河市区测土配方施肥宏观决策和动态管理基础平台，为保护耕地环境、指导农民合理施肥、节本增效提供科学保障，为县域种植业结构调整提供理论依据，为指导今后农业生产具有重要的现实意义。

本次调查评价工作，得到了省土肥管理站专家、哈尔滨万图信息技术开发有限公司及部分市县农技中心土肥站鼎力支持和无私帮助，得到了七台河市农委、市统计局、市国土局、市民政局、市水利局、市档案局、市气象局等单位和有关专家的大力支持和协助，在此表达最诚挚的谢意。由于此项工作应用微机软件程序复杂、工作量大、数据多，加之编写人员水平有限，在报告综合分析和编写过程中难免有欠妥之处，有待今后工作中不断完善和提高，恳请各级领导、专家和同行给予批评指正。

七台河市农业技术推广中心

2010 年 12 月

目　　录

第三部分　黑龙江省七台河市区耕地地力评价专题报告

第一部分

黑龙江省七台河市区耕地地力评价工作报告

七台河市位于黑龙江省东部，佳木斯南侧，东经 130.1°~131.933 3°，北纬 45.583 3°~46.333 3°。东与宝清县、密山市接壤，西与依兰县毗邻，南与鸡东县、林口县交界，北与桦南界相连。东西长 130km，南北长 80km，总面积 6 221km²，其中，市区面积 3 646km²。现辖新兴区、桃山区、茄子河区、种畜场和勃利县。全市行政区域总面积 6 221km²，总人口 92.7 万人，全市耕地总面积 152 129hm²，2010 年粮食总产为 7.59 亿 kg，人均收入 5 562 元。

七台河市区主要土壤类型有 6 个，其中，黑土面积为 6 939.3hm²，占总耕地面积的 47.3%；草甸土面积为 3 574.2hm²，占总耕地面积的 25.9%；暗棕壤面积为 2 715.9hm²，占耕地总面积的 19.6%；白浆土面积为 747.1hm²，占耕地总面积的 5.4%。

一、耕地地力评价目的和意义

耕地地力评价是利用测土配方施肥调查数据，通过县域耕地资源管理信息系统，建立县域耕地隶属函数模型和层次分析模型而进行的地力评价。开展耕地地力评价是测土配方施肥补贴项目的一项重要内容，是摸清耕地资源状况，提高土地生产力和耕地利用效率的基础性工作。对促进和指导我市现代农业发展具有一定的指导意义。

（一）耕地地力评价是深化测土配方施肥项目的必然要求

测土配方施肥不仅仅是一项技术，还是提高施肥效益、实现肥料资源优化配置的基础性工作。不论是面对千家万户还是规模化的生产模式，为生产者施肥提供指导都是一项任务繁重的工作，现在的技术推广服务模式从范围和效果上都难以适应。必须利用现代技术，采用多种形式为农业生产者提供方便、有效的咨询和指导服务。以县域耕地资源管理信息系统为基础，可以全面、有效地利用第二次土壤普查、肥料田间试验和测土配方施肥项目的大量数据，建立测土配方施肥指导信息系统，从而达到科学划分施肥分区、提供因土因作物的合理施肥建议，通过网络等方式为农业生产者提供及时有效的技术服务。因此，开展耕地地力评价是测土配方施肥不可或缺的环节。

（二）耕地地力评价是掌握耕地资源质量状态的迫切需要

通过耕地地力评价这项工作，充分发掘整理第二次土壤普查资料，结合这次测土配方施肥项目所获得的大量养分监测数据和肥料试验数据，建立县域耕地资源管理信息系统，可以有效地掌握耕地质量状态，逐步建立和完善耕地质量的动态监测与预警体系，系统摸索不同耕地类型土壤肥力演变与科学施肥规律，为加强耕地质量建设提供依据。

（三）耕地地力评价是加强耕地质量建设的基础

耕地地力评价结果，可以很清楚地揭示不同等级耕地中存在的主导障碍因素及其对粮食生产的影响程度。因此，也可以说是一个决策服务系统。对耕地质量状态的全面把握，我们就能够根据改良的难易程度和规模，作出先易后难的正确决策。同时，也能根据主导的障碍因素，提出更有针对性的改良措施，使决策更具科学性、合理性。

耕地质量建设对保证粮食安全具有十分重要的意义。没有高质量肥沃的耕地，就不可能全面提高粮食单产。耕地质量下降和粮食需求总量增长，决定了我们必须提高单产。从长远看，随着工业化、城镇化进程的加快，耕地减少的趋势仍难以扭转。受人口增长、养殖业发展和工业需求拉动，粮食消费快速增长，近 10 年我国粮食需求总量一直呈刚性增长，尤其是工业用粮增长较快，并且对粮食的质量提出新的更高要求。

随着测土配方施肥项目的常规化，我们不断地获得新的养分状况数据，不断更新耕地资源管理信息系统，使我们及时掌握耕地质量状态。因此，耕地地力评价是加强耕地质量建设的必不可少的基础工作。

（四）耕地地力评价是促进农业资源优化配置的现实需求

耕地地力评价因素都是影响耕地生产能力的土壤性状和土壤管理等方面的自然要素，如耕地的土壤养分含量、立地条件、剖面性状、障碍因素和灌溉、排水条件等，这些因素本身就是我们决定种植业布局时需要考虑的因素。耕地地力评价为我们调整种植业布局，实现农业资源的优化配置提供了便利的条件和科学的手段，使不断促进农业资源的优化配置成为可能。

近年来，农业生产发展速度很快，特别是2004年中央1号文件的贯彻执行，"一免两补"政策的落实，极大地调动了广大农民种粮的积极性。大力发展农业生产，促进农村经济繁荣，提高农民收入，已经变成了七台河市广大干部和农民的共同愿望。但无论是进一步增加粮食产量，提高农产品质量，还是进一步优化种植业结构，建立无公害农产品生产基地以及各种优质粮食生产基地，都离不开农作物赖以生长发育的耕地，都必须了解耕地的地力状况及其质量状况。

第二次土壤普查至今20多年中，农村经营管理体制、耕作制度、种植结构、农作物品种、产量水平、肥料种类、病虫害防治手段等许多方面都发生了巨大的变化。这些变化对耕地的土壤肥力以及环境质量必然会产生巨大的影响。然而，在这20多年的过程中，对全市的耕地土壤却没有进行过全面调查，因此，开展耕地地力评价工作，对优化种植业结构，建立各种专用农产品生产基地，开发无公害农产品和绿色农产品，推广先进的农业技术，不仅是必要的，而且是迫切的。这对于促进七台河市区农业生产的进一步发展，粮食产量的进一步提高，都具有现实意义。

二、工作组织与方法

开展耕地地力评价工作，是七台河市区农业生产进入新阶段的一项基础性的工作。根据农业部制定的《全国耕地地力评价总体工作方案》和《全国耕地地力调查与质量评价技术规程》的要求。我们从组织领导、方案制订、资金协调等方面都做了周密的安排，做到了组织领导有力度，每一步工作有计划，资金提供有保证。

（一）建立领导组织

1. 成立工作领导小组

这次耕地地力评价工作得到了中共七台河市委、市政府的高度重视，按照黑龙江省土壤肥料管理站的统一要求，成立了七台河市"耕地地力评价"工作领导小组，由市政府副市长刘丽为组长，市农业委员会主任刘东和七台河市农业技术推广中心主任张立新为副组长。领导小组负责组织协调，制订工作计划，落实人员，安排资金，指导全面工作。

七台河市区耕地地力调查与评价组织。

（1）七台河市耕地地力调查与评价领导小组。

组　长：刘　丽　七台河市人民政府　　　　　　副市长
副组长：刘　东　七台河市农业委员会　　　　　　主　任
　　　　张立新　七台河市农业技术推广中心　　　主　任

成　员：王景峰　姜玉军　郝永芳　姜铁军

（2）七台河市区耕地地力调查与评价实施小组。

组　长：张立新　七台河市农业技术推广中心　　　　　主　任

副组长：王景峰　七台河市农业技术推广中心　　　　　副主任

　　　　姜玉军　七台河市农业技术推广中心土肥站　　土肥站长

成　员：郝永芳　姜铁军　周月凤　李宝芹　董　娟　郭桂玉　莫晓红

①七台河市区耕地地力评价野外调查小组。

组　长：王景峰

成　员：郝永芳　姜铁军　吴　娟　马　强

　　　　唐有鹏　尹德利　张振明　杨玉荣

②七台河市区耕地地力调查与评价分析测试小组。

组　长：姜玉军　郝永芳

成　员：姜铁军　吴　娟　唐有鹏　周月凤　李宝芹　董　娟　郭桂玉

　　　　莫晓红　王　巍　林　岩　白　鹤　马　强

③七台河市区耕地地力调查软件应用组。

组　长：姜铁军

成　员：王　巍　白　鹤　林　岩　吴　娟

④七台河市区耕地地力调查与评价专家评价组成员。

张立新　王景峰　姜玉军

⑤七台河市区耕地地力调查与评价技术报告主要编写人员。

王景峰　姜玉军　姜铁军

（3）七台河市区耕地地力评价顾问专家。

辛洪生　汤彦辉　汪君利

2. 成立项目工作办公室

领导小组下设"七台河市区耕地地力调查与评价"工作办公室，办公室设在农业技术推广中心，由市农业技术推广中心主任兼任项目办公室主任，推广中心副主任和土肥站站长任副主任，办公室成员由各站、室负责人组成。办公室按照领导小组的工作安排具体组织实施，办公室下设野外调查组、技术培训组、分析测试组、软件应用组、报告编写组，各组有分工、有协作。

野外调查组由市农业技术推广中心和乡镇的农技推广站人员组成。市农业技术推广中心主要技术骨干参加，每个乡（镇）场派员协助，主要负责样品采集和农户调查等。通过检查达到了规定的标准，即样品具有代表性，具有记录完整性（有地点、农户姓名、经纬度、采样时间、采样方法）等。

技术培训组负责参加省里组织的各项培训和对七台河市区参加耕地地力评价人员的技术培训。

分析测试组负责样品的制备和测试工作。严格执行国家或行业标准或规范，坚持重复实验，控制精密度，每批样品不少于 10% ~ 15% 重复样，每批测试样品都有标准样或参比样，减少系统误差，从而提高检测样品的准确性。

软件应用组主要负责耕地地力评价的软件应用。

报告编写组主要负责在开展耕地地力调查与评价的过程中，按照省土肥站《调查指南》的要求，收集七台河市有关的大量基础资料，特别是第二次土壤普查资料。保证编写内容不漏项，有总结、有分析、有建议和有方法等，按期完成任务。

（二）技术培训

耕地地力调查是一项时间紧、技术强、质量高的一项业务工作，为了使参加调查、采样、化验的工作人员能够正确的掌握技术要领，我们及时参加省土肥站组织的化验分析人员培训班和推广中心主任、土肥站长地力评价培训班的学习。继省培训班之后七台河市区举办了两期培训班。第一期培训班主要培训市区参加外业调查和采样的人员；第二期培训班主要培训各乡镇、种畜场各管理区参加外业调查和采样的人员，以土样的采集为主要内容，规范采集方法。同时，农技推广中心还选派一人去扬州学习地力评价软件和应用程序，为七台河市区地力评价打下了良好的基础。

（三）收集资料

1. 数据及文本资料

主要收集数据和文本资料有：第二次土壤普查成果资料、七台河市农业区划、七台河年鉴、全市各乡（镇）、场近3年种植面积、粮食单产、总产统计资料，全市乡镇、场历年化肥销售、使用资料，市区历年土壤、植株测试资料，测土配方施肥土壤采样点化验分析及GPS定位资料，全市农村及农业生产基本情况资料。同时，从相关部门获取了水利、气象、农机等相关资料。

2. 图件资料

按照省土肥管理站《调查指南》的要求，收集了七台河市有关的图件资料，具体图件是：七台河市土壤图、七台河市土地利用现状图、七台河市行政区划图、七台河市地形图。

3. 资料收集整理程序

为了使资料更好地成为地力评价的技术支撑，我们采取了收集—登记—完整性检查—可靠性检查—筛选—分类—编码—整理—归档等程序。

（四）聘请专家，确定技术依托单位

聘请省土肥管理站辛洪生科长、肇东农技中心副主任汪君利、拜泉农技中心土肥站长汤彦辉作为专家顾问组，几位专家能够及时解决地力评价中遇到的问题，并提出合理化的建议，在他们的帮助和支持下，我们圆满地完成了七台河市区地力评价工作。

由省土肥管理站牵头，以哈尔滨万图信息技术开发有限公司为技术依托单位，完成了图件矢量化和工作空间的建立。

（五）技术准备

1. 确定耕地地力评价因子

耕地地力评价因子是指参与评定耕地地力等级的耕地诸多属性。影响耕地地力的因素很多，在本次耕地地力评价中选取评价因子的原则：一是选取的因子对耕地地力有比较大的影响；二是选取的因子在评价区域内的变异较大，便于划分耕地地力等级；三是选取的评价因素在时间序列上具有相对的稳定性；四是选取评价因素与评价区域的大小有密切的关系。依据以上原则，经专家组充分讨论，结合七台河市土壤和农业生产等实际情况，分别从全国共用的地力评价因子总集中选择出11个评价因子（pH值、有效磷、速效钾、有效锌、坡向、坡度、地貌类型、地形部位、障碍层类型、质地）作为七台河市区的耕地地力评价因子。

2. 确定评价单元

评价单元是由对耕地质量具有关键影响的各耕地要素组成的空间实体，是耕地地力评价的最基本单位、对象和基础图斑。同一评价单元内的耕地自然基本条件、耕地的个体属性和经济属性基本一致，不同耕地评价单元之间，既有差异性，又有可比性。耕地地力评价就是要通过对每个评价单元的评价，确定其地力级别，把评价结果落实到实地和编绘的土地资源图上。因此，耕地评价单元划分的合理与否，直接关系到耕地地力评价的结果以及工作量的大小。通过图件的叠置和检索，将七台河市区耕地地力共划分为 2 768 个评价单元。

（六）耕地地力评价

1. 评价单元赋值

影响耕地地力的因子非常多，并且它们在计算机中的存贮方式也不相同，因此，如何准确地获取各评价单元评价信息是评价中的重要一环。我们根据不同类型数据的特点，通过点分布图、矢量图、等值线图为评价单元获取数据。得到图形与属性相连，以评价单元为基本单位的评价信息。

2. 确定评价因子的权重

在耕地地力评价中，需要根据各参评因素对耕地地力的贡献确定权重，确定权重的方法很多，评价中采用层次分析法（AHP）来确定各参评因素的权重。

3. 确定评价因子的隶属度

对定性数据采用 DELPHI 法直接给出相应的隶属度；对定量数据采用 DELPHI 法与隶属函数法结合的方法确定各评价因子的隶属函数。用 DELPHI 法根据一组分布均匀的实测值评估出对应的一组隶属度，然后在计算机中绘制这两组数值的散点图，再根据散点图进行曲线模拟，寻求参评因素实际值与隶属度关系方程从而建立起隶属函数。

4. 耕地地力等级划分结果

采用累计曲线法确定耕地地力综合指数分级方案。这次耕地地力评价将七台河市区耕地面积 13 818.9hm^2 划分为 4 个等级：一级地 1 174.3hm^2，占耕地总面积的 8.5%；二级地 2 209.9hm^2，占16.1%；三级地 5 906.7hm^2，占耕地总面积的 42.7%；四级地 4 528hm^2，占 32.7%。一级、二级地属高产田土壤，面积共 3 384.2hm^2，占 24.6%；三级地为中产田土壤，面积为 5 906.7hm^2，占耕地总面积的 42.7%；四级地为低产田土壤，面积 4 528hm^2，占耕地总面积的 32.7%。

5. 成果图件输出

为了提高制图的效率和准确性，在地理信息系统软件 MAPGIS 的支持下，进行耕地地力评价图及相关图件的自动编绘处理，其步骤大致分以下几步：扫描矢量化各基础图件→编辑点、线→点、线校正处理→统一坐标系→区编辑并对其赋属性→根据属性赋颜色→根据属性加注记→图幅整饰输出。另外，还充分发挥 MAPGIS 强大的空间分析功能，用评价图与其他图件进行叠加，从而生成专题图、地理要素底图和耕地地力评价单元图。

6. 归入全国耕地地力等级体系

根据自然要素评价耕地生产潜力，评价结果可以很清楚地表明不同等级耕地中存在的主导障碍因素，可直接应用于指导实际的农业生产，农业部于 1997 年颁布了"全国耕地类型区、耕地地力等级划分"农业行业标准。该标准根据谷类单产水平将全国耕地地力划分为 10 个等级。以产量表达的耕地生产能力，年公顷单产大于 13 500kg 为一级地；年公顷单产小于 1 500kg 为十级地，每 1 500kg 为 1 个等级。因此，我们将耕地地力综合指数转换为概念型产量。在依据自然要素评价的每一个地力等级内随机选取 10% 的管理单元，调查近 3 年实际的年平均产量，经济作物统一折算为谷类作物产量，将这 2 组数据进行相关分析，根据其对应关系，将用自然要素评价的耕地地力等级分别归入相应的概念型产量表示的地力等级体系。归入国家等级后，七台河市区只有五级和六级 2 个等级，市区一级、二级地归入国家五级地；三级和四级地归入国家六级地。归入国家等级后，五级地面积共 3 440.9hm²，占 24.9%；六级地面积为 10 378.0hm²，占耕地总面积的 75.1%。

7. 编写耕地地力调查与质量评价报告

认真组织编写人员进行编写报告，严格按照全国农业技术推广服务中心《耕地地力评价指南》进行编写，使地力评价结果得到规范的保存。

三、主要工作成果

结合测土配方施肥开展的耕地地力调查与评价工作，获取了七台河市区有关农业生产大量的、内容丰富的测试数据、调查资料、数字化图件及相关的软件系统，形成了对七台河市区农业生产发展有积极意义的工作成果。

（一）文字报告

七台河市区耕地地力评价工作报告。

七台河市区耕地地力评价技术报告。

七台河市区耕地地力评价专题报告。

（二）数字化成果图

七台河市区行政区划图。

七台河市区土壤图。

七台河市区土地利用现状图。

七台河市区采样点位置图。

七台河市区耕地地力评价等级图。

七台河市区耕地土壤分级图。

七台河市区耕地土壤全氮分级图。

七台河市区耕地土壤全磷分级图。

七台河市区耕地土壤全钾分级图。

七台河市区耕地土壤碱解氮分级图。

七台河市区耕地土壤有效磷分级图。

七台河市区耕地土壤速效钾分级图。

七台河市区耕地土壤有效铜分级图。

七台河市区耕地土壤有效铁分级图。

七台河市区耕地土壤有效锰分级图。

七台河市区耕地土壤有效锌分级图。

七台河市区大豆适宜性评价图。

（三）进一步完善了第二次土壤普查数据资料，建立电子版数据资料库

新形成的耕地地力评价报告是二次土壤普查的一个重要补充，在内容上比二次土壤普查更丰富、更细化，填补了第二次土壤普查很多空白。这次耕地地力评价，土壤属性占的篇幅比较多，主要是为了更好地保存第二次土壤普查资料。同时，以电子版形式保存下来，以便随时查阅。

四、主要做法和经验

（一）主要做法

1. 运用高新技术，提高评价质量

为做好此次耕地地力评价工作，首先从基础的工作做起，采样前一个月就着手采样布点的准备工作。通过土壤图、土地利用现状图叠加，按照土种、村屯，无一遗漏，每 45 ~ 50hm² 为 1 个采样单元的采样原则，均匀地布好点位。

2. 统一计划，分工协作

耕地地力评价是由多项任务指标组成的，各项任务又相互联系成一个有机的整体，任何一个具体环节出现问题都会影响整体工作的质量。因此，在具体工作中，根据农业部制定的总体工作方案和技术规程，采取了统一计划，分工协作的做法。按照省里制定了统一的工作方案，对各项具体工作内容、质量标准、起止时间都提出了具体而明确的要求。

（二）主要经验

1. 领导重视，部门配合

进行耕地地力评价，需要多方面的资料图件，包括历史资料和现状资料，涉及国土、统计、农机、水利、档案、气象等各个部门，仅单靠农业部门很难在这样短的时间内顺利完成的。同时，此项工作得到了市委、市政府高度重视和支持，相关部门及时召开了七台河市区测土配方施肥领导小组和技术小组会议，协调各部门的工作，职责明确，相互配合，形成合力，保证了在较短的时间内，把所有资料备齐，有力地促进了这项工作的开展。

2. 全面安排，突出重点

耕地地力评价工作的最终目的是要对调查区域内的耕地地力进行科学的实事求是的评价，这是开展此项工作的重点。我们在努力保证全面工作质量的基础上，突出了耕地地力评价这一重点。除充分发挥专家顾问组的作用外，还多方征求意见，对评价指标的选定、各参评指标的权重等进行了多次研究和探讨，提高了评价的质量。

五、资金管理

耕地地力调查与评价是测土配方施肥项目中的一部分，我们严格按照国家农业项目资金管理办法，实行专款专用，不挤不占。该项目使用资金 12.0 万元，其中，国投 12.0 万元，详见下表。

表　耕地地力调查与评价经费使用明细

内　　容	使用资金	资金来源其中（万元）	
		国投	地方配套
野外调查采样费	320 样×20 元/样＝0.64 万元	0.64	0
样品化验费	320 样×60 元/样＝1.92 万元	1.92	0
培训、学习费	1.94 万元	1.94	0

（续表）

内　　容	使用资金	资金来源其中（万元）	
		国投	地方配套
图件矢量化	5.5 万元	5.5	0
报告编写材料费	2.0 万元	2.0	0
合　　计	12.0 万元	12.0	0

六、存在的突出问题

（1）耕地地力评价是一项任务比较艰巨的工作，涉及面广、任务量大，加之参与人员不足，势必影响评价质量。

（2）由于种畜场刚刚划归七台河市管辖，缺少第二次土壤普查部分历史资料，对此次耕地地力评价造成了一定影响。

（3）由于城市建设规模的扩大，占用了部分耕地（其中，包括 3 个面积较少的土种），因此，这 3 个土种没有纳入此次地力评价范围。

总之，我们这次的耕地地力调查和评价工作中，由于人员的技术水平、时间有限，有很多数据的调查分析工作不够全面。在今后的工作中，要进一步做好此项工作，为保护和提高我市耕地地力、保护土壤生态环境、为黑龙江省千亿斤粮食产能工程作出贡献。

七、大事记

七台河市区耕地地力评价工作大事记。

（1）2009 年 5 月，黑龙江省测土配方施肥项目现场会在七台河市召开，省土肥管理站站长胡瑞轩出席会议并做重要讲话，七台河市区测土配方施肥工作拉开序幕。

（2）2009 年 9 月，市农业技术推广中心召开测土配方施肥动员大会，中心主任张立新传达了《七台河市区 2009 年测土配方施肥工作方案》。

（3）2009 年 9 月末，市农业技术推广中心召开测土配方施肥外业调查工作，中心副主任王景峰就外业调查需要注意的事项、主要技术路线、GPS 使用等进行培训。

（4）2009 年 10 月 10 日，开始了测土配方施肥秋季第一次土样采集工作，中心土肥站长详细讲解了土样采集技术，此次共采土样 2 000 个，历时 20 天。

（5）2009 年 12 月，市农业技术推广中心 5 名技术人员参加了省土肥管理站在双城举办的土壤化验培训班，历时 6 天。

（6）2010 年 4 月 20 日，开始了测土配方施肥第二次土样采集工作，市农业技术推广中心全体人员参加，共采集土样 1 500 个，历时 15 天。

（7）2010 年 6 月，市农业技术推广中心主任张立新带队，一行 3 人参加了省土肥管理站在海林举办的耕地地力评价培训班。

（8）2010 年 7 月，开始进行全市地力评价有关资料和图件的收集工作。

（9）2010 年 8—10 月，建立测土配方施肥标准化化验室。

（10）2010 年 10 月 18 号，开始了测土配方施肥第三次土样采集工作，市农业技术推广中心全体人员参加，共采集土样 1 200 个，历时 15 天。

（11）2010 年 11 月，进行第一次土样化验工作，化验土样 2 000 个，历时 60 天。

（12）2010 年 12 月，市农委主任刘东来中心化验室检查指导工作。

（13）2011 年 2 月，进行第二次土样化验工作，化验土样 1 700 个，历时 50 天。

（14）2011 年 3 月，七台河电视台对我市测土配方施肥工作进行宣传报道。

（15）2011 年 3 月，省土肥管理站副站长王国良到市农技推广中心检查指导测土配方施肥工作，并参观了中心化验室。

（16）2011 年 4 月，进行了第四次土样采集工作，共采集土样 1 000 个，历时 10 天。

（17）2011 年 5 月，按省土肥管理站要求，市土肥站长到扬州参加农业部组织的"县域耕地资源管理信息系统"应用技术培训班学习。

（18）2011 年 5 月，进行第三次土样化验工作，化验土样 1 000 个，历时 20 天。

（19）2011 年 6 月，市农委副主任王文江来中心检查指导化验室工作。

（20）2011 年 6 月，伊春市农研中心主任、化验室主任来七台河中心化验室参观学习。

（21）2011 年 7 月，按省土肥管理站要求，化验室主任郝永芳参加了在成都举办的全国植株化验培训班。

（22）2011 年 8 月，进行了测土配方施肥图件的核对工作。

（23）2011 年 9 月，农业技术推广中心张立新主任带队前往林口县农业技术推广中心，学习借鉴测土配方施肥所取得的经验与做法，一同前去的还有茄子河区农委领导。

（24）2011 年 10 月，到万图公司进行耕地地力评价空间制作工作。

（25）2011 年 11 月，到万图公司进行空间数据提取及报告撰写工作。

（26）2011 年 12 月，撰写耕地地力评价工作报告。

（27）2012 年 12 月，耕地地力评价工作报告、技术报告、专题报告初稿完成。

第二部分

黑龙江省七台河市区耕地地力评价技术报告

第一章　自然与农业生产概况

第一节　地理位置与行政区划

七台河市位于黑龙江省东部，佳木斯南侧，东经 130.1°～131.9 333°，北纬 45.5 833°～46.3 333°。东与宝清县、密山市接壤，西与依兰县毗邻，南与鸡东县、林口县交界，北与桦南界相连。东西长 130km，南北长 80km，总面积 6 221km²，其中，市区面积 3 646km²。现辖新兴区、桃山区、茄子河区、种畜场和勃利县。总人口 92.7 万，全市农作物播种总面积 175 133hm²，主要是旱田、水田、经济作物、菜田、果园等。

七台河地处黑龙江省东部城市群中心位置，高等级公路网、铁路网四通八达，与省城及周边市县全部实现高等级公路连接，与牡丹江、佳木斯、鸡西空港相邻，周边毗邻绥芬河、密山、虎林 3 个口岸，距俄罗斯最近边贸口岸仅 80km，与东北东部 12+1 市（州）结成区域战略合作城市。

七台河市辖三区一县一场，18 个乡（镇）场，235 个行政村，其中，市区 99 个，勃利县 136 个。据 2010 年统计资料，总人口 92.7 万人，其中，农业人口 30.2 万人，非农业人口 62.5 万人。2010 年粮食总产 7.59 亿 kg，农村居民人均纯收入 6 955 元。

第二节　自然与农村经济概况

一、土地资源概况

按照国土资源局新统计数据，市区行政区域总面积 242 055hm²，市区耕地面积 53 295hm²，占行政区域面积的 22%。

二、气候资源

七台河市地处中纬地带，气候属于寒温带，大陆性季风气候。具有寒暑明显，雨量充沛，光照充足，无霜期短，四季分明的气候特点。

春季干旱少雨：一般 3 月末至 4 月初开始解冻，气温稳定超过 0℃。（表土化冻 3cm）降水少，而蒸发量大，历年平均降水量为 32mm，占全年降水总量的 1.5%。而蒸发量（水面蒸发量）为 424mm，占全年蒸发量的 34%，加之春风大，构成了"十春九旱"的气候特点，终霜日一般在 5 月 4—23 日。

夏季高温多雨：气温稳定超过 10℃，约在 5 月 9 日为夏季开始。其间平均气温 19.2℃，其中，7 月为最热的月份，平均气温 21～23℃，极端最高气温 38.3℃。降水频繁，一般降水量 319～327mm，占全年降水量的 58%～60%。洪涝灾害多出现在 7—8 月。夏季高温多雨对粮菜生产极为有利。

秋季秋高气爽：此时暖空气逐渐减弱，受冷空气影响，气温下降，常常是"一场秋雨一场凉、三场白露一场霜"。9—10 月多在大陆变性高压控制下，雨量少，空气干燥，碧空无云，秋高气爽，降水量一般为 115～118mm，占全年降水量的 21% 左右。个别年份冷空气活动频繁，造成秋雨连绵，出现"埋汰秋"。初霜日一般在 9 月 18—26 日，往往是秋涝低温伴随早霜而导致粮食贪青晚熟减产。

冬季寒冷少雪：由于受西伯利亚强冷高压控制，一般降水 16～18mm。平均气温 -17～-15.2℃。一月为最冷月，平均气温 -19～-17.5℃。历年极端最低气温 -39.2℃，历年平均最大冻层深度 170～200cm。

（1）气温。气温随海拔高度增高而降低，依地形、地貌不同而有差异。七台河地区年平均气温 2.4～3.9℃。东部低山区比西部丘陵漫岗气温低。年 ≥10℃ 的活动积温平均 2 408.9℃，东部地区 ≥10℃ 的有效活动积温平均 2 200℃。

（2）降水。因受季风和地形的影响，季节降水很不均衡。从地理分布上看，东部低山区比西部丘陵漫岗区偏多。年降水量 525～545mm，降水集中在 7—9 月，降水量为全年降水量的 50%～57%。

（3）日照。历年平均日照时数 2 467～2 568 小时，西部偏高，东西日照差为 101 小时，作物生育期（5—9 月）日照时数 1 717 小时，占全年日照总数的 45.6%。全年太阳总辐射量 120 千卡/cm² 以上，每亩（1 亩 ≈667m²。下同）8 亿千卡，作物生育期每亩 5.4 亿千卡，占全年辐射量的 67%。

（4）风向与风速。春、夏、秋、冬，季风交替，春夏西南风向，秋冬西北风向。春季大风加速了土壤蒸发，导致十春九旱。4 月为风速最大月，平均风速 5.1m/秒，且大风次数平均 10.2 次，夏季大风次数不多，但往往伴同大雨，导致部分大田倒伏，影响产量，秋季大风常伴有寒潮发生，造成作物低温冷害。

三、气候分区

七台河市占地狭长，地形、地貌复杂，气候条件差异较大。以热量指标、水分指标干燥度作为分区指标，全市分为低山温凉湿润霜冻气候区和丘陵漫岗温和半湿润气候区。

（一）低山温凉湿润霜冻气候区

此区位于完达山南麓，平均海拔 480m，土壤以岗地白浆土壤及暗棕土壤为主，该区降水资源比较丰富，年降水量 541mm；年平均积温 2 408℃，80% 的保证率为 2 200℃，年平均气温 2.4℃，北部略低；最早初霜日为 9 月 2 日，平均无霜期 116 天；稳定通过 10℃ 的初日为 5 月 13 日；干燥指数 0.9，全年日照时数 2 568 小时；年平均风速 0.4m/秒。自然灾害以低温、早霜为主；其次是伏涝、秋涝。农业生产以大田作物玉米、大豆为主。根据该区气候特点，应适当扩大水稻面积，以保稳产创高产，同时，重视发展林牧业和山产品生产。

（二）丘陵漫岗温和半湿润气候区

此区位于完达山区与老爷岭交界处，包括茄子河镇、红旗镇、中心河乡的一部分。平均海拔高度 200m，土壤以岗地白浆土为主。热量资源丰富，年平均积温 2 550℃，80%保证率为 2 040℃，年平均气温 3.4℃，最早初霜日为 9 月 10 日，年平均无霜期 130 天，年平均风速 3.6m/秒。全年光照 2 467.4 小时。平均年降水量 535mm，K 值主≥1.0，春季一般表现为干旱。此区是全市蔬菜生产基地，大田作物以豆、稻为主。

四、水资源

（一）地表水

七台河市境内由倭肯河及挠力河两大水系组成。倭肯河水系组成了七台河市西南部地区，挠力河水系组成了七台河市东北部地区。倭肯河水系有主流倭肯河，支流七台河、挖金鳖河、万宝河、茄子河、中心河、龙湖河等；挠力河水系有主流挠力河，支流大泥鳅河、小泥鳅河、岚峰河等。

倭肯河：20 世纪 20 年代有几家渔民，在河岸搭个窝棚居住，故取名窝棚河，后改名为倭肯河。倭肯河为松花江支流，发源于七台河东部山区。全长 176km，流经七台河市区 94km，流入面积 5 157km。其中，七台河市区 2 436km²，勃利县 2 721km²。七台河市年径流量为 2.2 亿 m³，汛期可达 3 亿 m³。河宽 10~20m，水深 1~3m，弯曲系数 1.3，平槽泄量 50m³/秒。桃山水库拦截倭肯河为水源，于 1958 年始建，1978 年勃利县第二次续建后又停建，又于 1985 年经省水利厅和市矿联合投资开始再建，已于 1989 年 10 月第一期工程完工，主堤长 514m，顶宽 8m，高 25m，积雨面积 2 100km²，总库容 2.6 亿 m³，为市区每年提供 23.60 万 m³ 工业和生活用水，可灌溉农田 12.7 万亩。

挠力河：是乌苏里江支流。发源于七台河东部老爷岭东山。在七台河市区内河流长度 76km，流域面积 1 132km²，年径流量 1.88 亿 m³。汛期径流 1.2 亿 m³，平槽泄量 33.5m³/秒，主要支流有大泥鳅河、小泥鳅河、岚峰河，河床弯曲，水质良好，流经地带土质肥沃，有近 2 万亩可垦荒源，万亩可开发水田，浅山放牧、高山造林，是山清水秀米粮川，农、林、牧、副、渔全面发展的新开发地区。

七台河：七台河是流经市区境内的一条河流。河流长度 22km，流域面积 200km²，年径流量 0.24 亿 m³，弯曲数为 1.2，平均比降 1/200，平槽泄量 53m³/秒，灌溉水田 4 700 亩，菜田 7 300 亩。

万宝河：发源于茄子河林场，流域面积为 46km²，流长为 11km，平均比降为 1/80，年径流量为 0.06 亿 m³，平槽泄量 62m³/秒。万宝水库位于万宝河中上游，即可拦洪蓄水，灌溉农田，发展养鱼。

中心河：发源于黑山。流域面积 93km²，河流长度 28km，河宽 2~3m，水深 0.3~1m，年径流量 0.12 亿 m³，每秒流量为 3~7m³。在上游已建成新立水塘坝，为发展养鱼、灌溉农田提供了条件。

大泥鳅河：发源于兰棒山。是挠力河一大支流，流域面积 254km²，河流长度 39km，年径流量 0.48 亿 m³，河宽 3~8m，水深 0.6~2m，秒流量为 8~10m³。地处山区，沿河两岸有部分可垦荒源，从 1985 年开始建设大泥鳅河万亩灌区，可灌溉耕地 22 600 亩，其中，水田 3 000 亩，菜田 1 600 亩，旱田 18 000 亩。

小泥鳅河：是大泥鳅河的同源异流，流入挠力河。流域面积 56km³，年径流量 0.1 亿 m³，秒流量为 2.55m³。为防止水土流失，可在 15°以上坡耕实行退耕还林。

（二）地下水

地下水：全市地下水总资源量为 1.46 亿 m³，常年可开采利用量为 0.31 亿 m³。地下水的水质良好，多为重碳酸钙镁型水和重碳酸钙钠型水，可供植物生长需要。地下水的贮存与分布受地貌和地质条件的控制，河谷和山区相差较大。在倭肯河和挠力河干流的河谷平原区，为砂砾石孔隙浅水，水位埋深 1~5m，含水层厚度 12~25m，单井涌量 100~1 000t/日，水量中等。各支流山间沟谷，有狭长的冲积滩地，为砂砾石孔隙浅水，单井涌量 10~100t/日，水量贫乏，水位埋深 1~5m，汗水层厚度由 4~10m 不等。

丘陵漫岗及低山区，为基岩裂隙潜水。水量贫乏，开采利用困难。东部挠力河流域的丘陵及山区，泉水流量 10~100t/日，西部倭肯河流域丘陵及山区，泉水流量小于 10t/日。

水资源平衡：根据市区水资源的计算成果和全市现有耕地面积及水、旱、菜田种植比例，进行水土资源平衡计算，其结果是：如果地表水和地下水能得到合理开发利用，对现有的耕地结构，Ⅰ区和Ⅲ区是余水区，Ⅱ区是缺水区。

（1）水资源总量为 39 906 万 m³。其中，地表水总量 26 000 万 m³，地下水总量为 14 606 万 m³，重复量为 700 万 m³。

（2）可利用水量为 14 067 万 m³。其中，可利用地表水量为 11 000 万 m³，可利用地下水量 3 067 万 m³。

（3）年实际用水量为 2 030 万 m³。其中，农业用水量 1 217 万 m³、工业用水量 529 万 m³、生活用水量 260 万 m³、年其他用水量 2 万 m³、地下水开采率 36%。

五、水文地质

根据自然地理、地质构造和岩石含水性等因素，划分为 4 个水文地质分区。

（一）第四系冲积洪积孔隙水文地质区

分布于河谷两岸，呈枝状发育，其规律是，河流自上游往下游，含水层逐渐加宽增厚，透水性由强变弱。倭肯河谷冲积层，宽 1 000~3 000m，厚度 6~15m，其中，含水层厚 4~12m。根据单孔抽水资料，单位涌水量在 0.314 ~ 1.89L/秒·m，渗透系数为 7 455 ~ 42 085m/日，水质不良，铁离子含量较高。

（二）下白垩砾岩、砂岩裂隙水水文地质区

底部为北山集块岩与煤系地层为不整合接触，往上由粗粉砂岩、砾岩组成。煤田内广泛分布，煤系地层的外围多为此区。岩层分选性极差，较坚硬，含多量凝灰质，单位涌水量 0.258L/秒·m，渗透系数 0.956/日。

（三）上侏罗纪含煤地层裂隙水水文地质区

含煤地层裂隙水具有明显的垂直分布规律，即强风化裂隙含水带、风化裂隙含水带和弱风化裂隙含水带。总的规律是随着深度加大，其透水性逐渐减弱。

（四）基岩裂隙水水文地质区

分布在煤田外围南部和西部，岩性为花岗岩、花岗片麻岩及一些古老的变质岩，岩性坚硬，裂隙不发育，富水性弱，主要受大气降水补给，仅雨季有季节性下降泉。如五台山附近安山岩下降泉，其流量小于 10m³/日。

六、植被

七台河市植被属于"长白山植物亚区"，草木茂盛。林地面积 164 万亩，森林覆盖率为

26.1%。主要生长着天然次生林和人工林，有柞、桦、椴、松等20多种，木材积蓄量1 042千 m³。山药材、山野菜极为丰富，党参、桔梗、刺五加等野生中药 300 余种；木耳、猴头、榛蘑等食用菌类 10 余种，都是难得的绿色珍品。鹿、熊、狍、雉鸡等野生珍稀动物长年栖息在密林中。

七台河市自然植物种类繁多，属长白植物区系。按地貌类型从东南向西北植物种类呈规律性分布，可划分为森林、森林草甸、草原化草甸、草甸、沼泽和田间杂草等六种植被类型。

森林植被分布在我市东南部低山区的铁山林场、龙山林场、红山林场等地。原始植被是以红松为主的针阔叶混交林，伴生树种为杨、桦、椴、榆、柞、水曲柳等材质优良的天然林。由于自然和人为因素，大多数演变成天然次生林和人工林。天然次生林是柞树、山杨、糠椴、紫椴、白桦、春榆、暴马子等。灌木林和草本植物很多，有榛柴、苕条、玲兰、野百合等。人工林主要是落叶松、红松、樟松、水曲柳，土壤为不同程度的暗棕壤；森林草甸植被分布在我市低山丘陵边缘岗地上，植被是以柞树为主的杂木林和以柞树、山杨、白桦为主的次生幼林；灌木林有榛柴；草本植物是以禾本科和菊科为主的次生幼林，土壤类型为白浆土。

草原化草甸植被在我市缓坡漫岗上有零星分布，植被主要是五花草塘，土壤类型是黑土。

草甸植被分布在倭肯河及其支流两岸的低平地，山间谷地上。植被有小叶樟、苔草、三棱草、洋草、落豆秧、野豌豆等，生长茂密，覆盖度为 80%~90%，是草甸土典型植被。

沼泽植被分布在河滩地低洼处和沟谷洼地上。是隐域性植被类型，以湿生植物为主，水深地方生长苔草、乌拉草、三棱草等，沼泽植被对沼泽土和泥炭土的形成有重大影响。

田间杂草是在耕地上自然植被的一种生长形式。多是一年生或宿根植物，有刺儿菜、苣荬菜、黄蒿、兰花菜、水稗草、蒲公英等种类繁多。

七、农村经济概况

七台河市是煤炭资源型城市，2010 年统计资料，总人口 92.7 万人，其中，农业人口 30.2 万人，占全市总人口的 32.5%，非农业人口 62.5 万人。全年转移农村劳动力 8.0 万人，实现劳务收入 3.8 亿元。地区生产总值 233.5 亿元，其中，第一产业增加值 19.7 亿元，占地区生产总值的 8.4%；第二产业增加值 148.1 亿元，占地区生产总值的 63.4%；第三产业增加值 65.9 亿元，占地区生产总值的 28.2%；农业总产值 92 838 万元，其中，农业产值 40 957 万元，占农业总产值的 44.1%，农村人均纯收入 6 955 元。

七台河地处黑龙江省东部城市群中心位置，高等级公路网、铁路网四通八达，与省城及周边市县全部实现高等级公路连接，与牡丹江、佳木斯、鸡西空港相邻，周边毗邻绥芬河、密山、虎林 3 个口岸，距俄罗斯最近边贸口岸仅 80km（表 2-1）。

表 2-1　2009 年农林牧渔业总产值统计　　　　　　　　　　　（单位：万元、%）

产值类型	产　值	占农林牧渔业总产值
农林牧渔业总产值	290 281	—
农业总产值	168 205	57.9
其他产值（林、牧、渔等）	122 076	42.1

第三节　农业生产概况

一、农业生产情况

七台河市开发历史较晚。解放初期这里是勃利县管辖的一个只有 300 多户的小山村。1958 年开始采煤。为了开发煤炭资源，动员勃利县人民修建了一条勃利至七台河 30km 的民办铁路，1961 年成立了七台河矿务局，1965 年建立特区与勃利县分开管辖。直到 1970 年经国务院批准，才建立地辖市。10 多年来，随着煤炭事业的发展，人口的不断增长，全市建设初见规模，1983 年建立省辖市。

七台河市区地下资源主要是煤炭，煤田主要分布在倭肯河南岸，总面积为 600km²，蕴藏量有 30 亿 t，主焦煤占蕴藏量的 45%，是我国主要煤炭产地之一，以丰富的优质煤著称。现在西部有新建、新兴、桃山、东风、新立等 5 个矿区。年产原煤 800 万~1 000 万 t，其中，地方小煤矿产煤 400 万~500 万 t，占总采煤量的 50%。东部向阳矿（朝鲜）、富强矿、铁西矿，全部是现代化生产线上的大矿区。随着煤炭资源的开发，全市轻工业、食品加工业，交通运输业都得到了相应的发展。工业总产值达 18 349 万元，占工农业总产值的 78%。

七台河市农业生产是为矿区服务的，以菜为主，大力发展副食品生产以及粮食作物和经济作物，充分利用山区资源搞活多种经营。除蔬菜生产外，主要粮食作物有玉米、大豆、水稻，经济作物有甜菜、烤烟等。

党的十一届三中全会后，通过农村经济体制改革，逐步实行家庭联产承包责任制，在保证完成粮食征购任务前提下，农民可根据市场需求自行安排生产，使农村的自然经济逐步向商品经济发展，蔬菜和经济作物的种植因此获得长足发展。20 世纪 90 年代后半期开始，以种植蔬菜、瓜果为主的庭院经济兴起。

2010 年全市农作物总播种面积 169 070hm²，粮食作物 156 692hm²，产量 645 196t。其中，水稻面积 17 236hm²，产量 125 557t；玉米面积 67 801hm²，产量 370 287t；大豆 69 529hm²，产量 137 148t；其他粮食作物面积 1 126hm²；经济作物播种面积 12 096hm²，产量 173 926t；饲料作物播种面积 282hm²（图 2-1、图 2-2）。

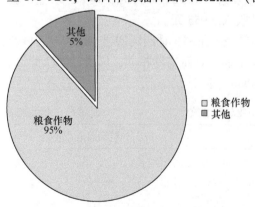

图 2-1　20 世纪 80 年代前作物种植比例

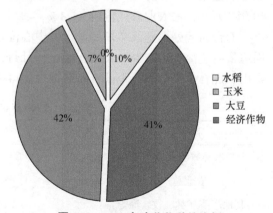

图 2-2　2010 年农作物种植比例

2000年后粮食生产迅速发展，产量大幅度提高。2000年全市粮食总产3.3亿kg，2004年粮食产量达4.75亿kg，2008年粮食产量达6.0亿kg，2009年粮食产量达6.45亿kg，2011年全市粮食产量突破7.5亿kg达到7.59亿kg（图2-3）。

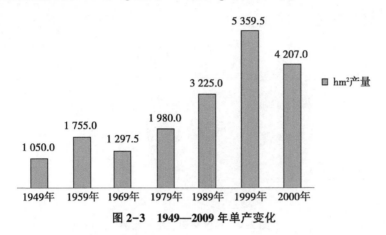

图2-3　1949—2009年单产变化

二、目前农业生产存在的主要问题

（1）单位面积产出低，七台河市土壤中低产田面积占75.4%，粮食产量6.45亿kg（2009年），公顷产量4 117.6kg，还有相当大的潜力可挖。

（2）农业生态有失衡趋势，据调查，20世纪80年代后，化肥用量不断增加，单产、总产大幅度提高，同时，农作物种类单一、品种单一，不能合理轮作，也是导致土壤养分失衡的另一重要因素。另外，农药、化肥的大量应用，不同程度地造成了农业生产环境的污染。

（3）优良品种少，目前，粮豆没有革新性品种，产量、质量在国际市场上都没有竞争力。

（4）农田基础设施薄弱，排涝抗旱能力降低，水蚀比较严重，坡地冲刷沟处处可见。

（5）机械化水平低，虽然拥有50马力以上大型农机具很多，但是配套农机具还不足，高质量农田作业面积很小，秸秆还田面积较少。

（6）农业整体应对市场能力差，农产品数量、质量、信息以及市场组织能力等方面都很落后。

（7）农业科技力量、服务手段以及管理都满足不了生产的需要。

（8）农民科技素质、法律意识和市场意识有待提高和加强。

第四节　耕地利用与生产现状

一、耕地利用情况

耕地是人类赖以生存的基本资源。第二次土壤普查以来，人口不断增多，耕地逐渐减少，保持农业可持续发展首先要确保耕地的数量和质量。七台河市（市区）耕地面积53 295hm²，占行政区域面积的22.0%。全市土地政策稳定，进一步加大了政策扶持力度和资金投入，提高了农民的生产积极性，使耕地利用情况日趋合理，表现在以下几个方面：一是耕地利用率高。随着新品种的不断推广，间作、套作等耕作方式的合理运用，大棚生产快速发展，耕地复种指数不断提高。二是产业结构日趋合理。三是基础设施进一步改善、水利化程度提高（图2-4）。

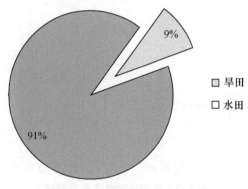

图2-4 市区旱田、水田比例

二、耕地土壤投入产出情况

目前，七台河市化肥投入量大，2009年农用化肥施用量为54 162t（实物量），2010年全市化肥使用量增加到55 951t，化肥增加使用对粮食增产发挥了重要作用，据统计玉米肥粮比为1：11.2，水稻肥粮比为1：16.6，大豆肥粮比1：8.3，杂粮肥粮比1：11.8。

三、耕地利用存在问题

七台河市耕地利用存在的问题是作物复种指数低，水田面积少，果园和经济作物面积也比较少。

第五节 耕地保养与管理

一、简要回顾

自1958年开发煤炭资源以来，随着煤炭工业的迅速发展，七台河市由一个小山区公社发展成为一个初具规模的新兴工业中等城市，1958—1983年的25年来，发展历经公社—镇—特区—地辖市—省辖市。

随着煤炭迅速地发展，七台河市资源开发不断扩大，到现在可垦荒地已基本得到开发利用，耕地面积由1949年6.8万亩，到1983年耕地在册面积26.1万亩，扩大了3.8倍，实有耕地44万亩，比1949年扩大了6.5倍。粮食总产由1949年534.5万kg，到1983年2 253.5万kg，增长4.2倍，蔬菜面积由225亩，增加到3.9万亩，增长了173倍。

随着农业资源不断开发，七台河市农业机械化也得到相应地发展。全市农业机械化起步较晚，1964年开始办农业机械化，68年全市拥有大中型拖拉机9台，田间作业限于"翻、耙、压"，逐步成为农业生产的重要动力，在扩大开荒，争取农时，实现丰收起到重要的作用。

中共十一届三中全会后，土地开发、利用和管理工作日趋合理化。

二、耕地保养

合理用肥是增加作物产量的关键性措施。施肥包括农家肥和化肥，农家肥富含各种养料，除增加作物养分外，还能增加土壤，兼有养地和改良土壤的作用。

农家肥料能普遍地而长期地被全国各农村应用，是因为农肥具备营养元素全、丰富、利用农村废弃物质取之方便、改良土壤理化性质显著等优点，是土壤肥力归还的主要措施。

施用化肥应注意的问题：施肥的部位问题，化肥的用量和比例问题，化肥利用率问题，微量元素肥料应用问题。

土壤的耕作问题：土壤耕作是农业生产中最基本和最经常的技术措施。它是通过机械的和生物的作用，调节土壤肥力条件来控制土壤肥力因素。土壤中各种肥力因素是处在相互作用和动态平衡中，这些相互作用和动态平衡对作物生育有时是有益的，有时也是不利的。为了避免和消除不利方面的作用，促使向有利方面转化，就必须根据作物的要求和土壤耕层构造状况，采取正确的土壤耕作措施和耕作方法，制定合理的土壤耕作制度。只有这样，才能对土壤中的物质和能量向有利于作物方向转化，达到稳产、高产。所以，建立适应本地区特点的土壤耕作制度，是发展七台河市农业生产的一项重要任务。

第二章　耕地土壤类型及分类分布

七台河市位于黑龙江省东部，佳木斯南侧，东经130°06′~131°56′，北纬45°35′~46°20′。东与宝清县、密山市接壤，西与依兰县毗邻，南与鸡东县、林口县交界，北与桦南界相连。东西长130km，南北长80km，总面积6 221km²。现辖三区和一县一场。全市行政区域总面积6 221km²，总人口92.7万人。

第一节　成土条件

一、气候条件

七台河市属于温寒带大陆性季风型气候，主要特点是：春季偏旱、少雨多风、蒸发量大；夏季炎热、雨量集中；秋季短、降温快；冬季长而寒冷、降雪少。

1. 降水量与蒸发量

据历年气象资料分析，年平均降水量为552.9mm。一年四季降水量差异很大，春季平均降水量只有73.3mm，占全年降水量的13.3%，形成了十年九旱的特点。夏季平均降水量为327.1mm，占全年降水量的59.2%，降水峰值月在7—8月交替出现。秋季降水量为112.7mm，多集中在九月上中旬，占全年降水量的20.4%。冬季降水量为39.5mm，仅占全年降水量的7.1%（表1-1）。降水量在不同地形上的分布，总的趋势是自低山丘陵区，边缘坡岗地，河滩地递减。而且年降水量变化悬殊，最大降水量是1981年为869.8mm，最小降水量为1977年354.1mm，见表2-2。

表2-2　年各月平均降水量　　　　　　　　　　　　　　　　（单位：mm）

月份	一	二	三	四	五	六	七	八	九	十	十一	十二	全年
数值	4.6	5.2	9.1	20.3	53.3	75.7	117.4	134	68.7	44	12.6	8	552.9

蒸发量是随着气温上升而增加。据历年观测，年平均蒸发量为1 300~1 500mm，是年平均降水量的2倍多。

2. 气温与地温

七台河市气候变化急剧，回暖快，年平均气温为3.9℃。一般在3月末至4月初开始解冻。7月最热，月平均气温20.9~22.8℃，极端最高气温37.4℃。地温也是全年最高的月份，月平均地温26.3℃。秋季冷空气活动势力增强，往往有西伯利亚冷空气入侵、气温急剧下降。1月最冷，月平均气温-19.1~-17.5℃，极端最低气温达-34.8℃。地温也是全年最低的月份，月平均地温-18.8℃，冻土深度为1.5~2.0m，见表2-3。

表2-3　累年各月平均气温与地温　　　　　　　　　　（单位：℃）

月份	1	2	3	4	5	6	7	8	9	10	11	12	全年
气温	-17.5	-13.5	-4	6.1	13.8	18.8	22	20.3	14.3	5.9	-5.2	-14.5	3.9
地温	-18.8	-13.5	-2.1	8.6	17.4	23.2	26.3	23.7	16.7	6.8	-5.4	-15.8	5.6

3. 积温与无霜期

历年观测，我市年平均日照时数为2 467.4小时，太阳总辐射量为120千卡/cm²。主要农作物生长季≥10℃活动积温年平均为2 307~2 598℃，太阳辐射量为53~58千卡/cm²。活动积温随海拔高度增加而减少，坡岗地区生长季≥10℃活动积温（80%保证率）在2 400℃以上；低山丘陵区在2 200~2 400℃，甚至有的山区不足2 200℃。稳定通过10℃初日平均在5月5—12日，终日平均在9月15—28日。初霜日平均在9月12—19日，终霜日平均在5月12—23日。全年平均无霜期119~137天，80%的保证率为110~124天。

4. 风

历年平均风速为3.6m/秒，最大风速为22m/秒，≥4级风的日数可达170天（表2-4）。全年主导风向以西北风为主，夏季多为西南风，秋季风向由偏南转偏西。春风较大，由于冷暖空气交替频繁，常有偏南和西北大风，刮风日数较多占全年大风日数的44%，平均8级以上的大风约10次，大风经常保持3~4天，加快土壤蒸发造成春旱，对农业生产危害很大。

表2-4　累年各月平均风速、最大风速、风力≥4级日数　　（单位：m/秒·天）

月份	1	2	3	4	5	6	7	8	9	10	11	12	全年
平均风速	3.3	3.8	4	4.6	4.3	3.3	2.9	2.6	3.3	3.8	3.9	3.5	3.6
最大风速	14	16	17	22	18.3	19	14	14.5	14.7	14.7	14.7	14	22
≥4级风日	14	15	18	20	18	12	9	7	12	15	16	15	170

综上可见，七台河市气候资源能充分满足中熟作物品种和基本满足中晚熟作物品种生长发育需要。热量、水分、光照多集中在农作物生长季节，对发展农业生产十分有利。但也存在着旱、涝、风及低温早霜等农业气候灾害，造成减产甚至严重歉收（表2-5）。

表2-5　七台河市区地貌类型

类型	位置	海拔（m）	坡度	土壤种类	分布地区
低山丘陵	市区东、南	240~269	≥15°	暗棕壤	宏伟镇 铁山乡
漫岗地	低山丘陵外围	180~240	4°~15°	白浆土	茄子河镇 铁山乡 中心河乡 宏伟镇
河滩地	河流两岸	160~180	≤4°	沼泽土	茄子河镇 万宝河镇 红旗镇

（续表）

类型	位置	海拔（m）	坡度	土壤种类	分布地区
山间谷地	低山丘陵之间	180~200	≤4°	草甸土	中心河乡 茄子河镇 万宝河镇 红旗镇

二、地形地貌

七台河市属于低山丘陵区，整个地势东南高西北低，形成东南向西北逐渐倾斜的狭长地形。按地形变化、水热的分配和土壤分布，可划分成漫岗地、低山丘陵、河滩地和山间谷地4个地貌类型。

低山丘陵是完达山的余脉和残山，山体成浑圆状，坡度较大，海拔高度在240~695m。最高的铁山包，海拔695.4m，相对高程为455m。本区共有大小山头39个，有铁山包、前山、兰棒山、八部落南山、万龙山、大架山等，主要分布在茄子河、宏伟镇等乡境内，面积为1 484 760亩，占总土地面积的56.3%。由于植被较茂密，覆土层薄，母质较粗，渗透良好，物理风化作用强烈，属剥蚀成因类型，土壤发育以暗棕壤为主。沟谷多呈"V"形窄"U"形，谷底坡度在15°以上，适宜发展林业和多种经营。

低山丘陵边缘坡岗地在低山丘陵外围，受新构造运动的影响，形成大的波状起伏。海拔在180~240m，坡度为4°~15°。主要分布在红旗、茄子河、中心河等镇。由于波状起伏，堆积剥蚀成因类型，加之长年耕种，水土流失现象严重。土壤发育主要是白浆土，是七台河市粮食生产区。

河滩地在倭肯河及其支流的两岸，呈带状分布，地势低平。海拔高度140~180m。主要分布在红旗、茄子河镇，面积为204 600亩，占总土地面积的7.8%。由于河流泛滥堆积作用，土层较厚，地下水丰富，土壤发育主要是沼泽土和草甸土，是七台河市牧业基地，部分用于粮菜生产。

山间谷地在丘陵漫岗之间，地势平坦、宽阔，呈条或枝状分布。海拔高度在180~220m。主要分布在茄子河、中心河、宏伟等镇，由于坡积、堆积作用，土层厚而肥沃，土壤发育主要是草甸土，是七台河市蔬菜生产集约区。

三、成土母质

七台河市的成土母质主要是第四纪的松散沉积物，属冰水沉积类型。以坡积、洪积、冲积等黄土状沉积物和棕黄色壤质黏土为主。由于地貌类型不同，沉积物的粒度大小不同，母质可分以下几类。

低山丘陵的成土母质是残积物和坡积物。残积物属风化壳类型，分布在山坡的上部和顶部，多呈有棱角砾石，是机械破碎后的残积物。在化学成分和性质上仍与基岩相似，呈中性偏酸，矿物组成以二氧化硅为主。母质多与砂粒、黏土混合，但主要是砾石，土层薄、质地粗，发育的土壤是原始暗棕壤和暗棕壤。坡积物属搬运淀积类型，分布在山坡的中、下部构成坡积裙地形，土层中多棱角的岩石碎屑和沙砾较多，一般无层理。这种母质多发育成暗棕壤。

坡岗地的成土母质是冲积—洪积物。在造山作用中，上部为更新世晚期冲积的黄土状黏质堆积物，下部为更新世早、中期的沙壤质堆积物。由于组成物质黏重，加之季节性冻层影响，使铁、锰等深色元素还原淋失，亚表层漂白，二氧化硅大量聚积，发育成白浆土和白浆化黑土。

河滩地的成土母质是冲积物。是在水的作用下冲积而成，质地按距河远近沉积物由细互粗呈有规律性的变化，而且沙黏相间，层理交错，沙石无棱角，是七台河市沼泽土、草甸土的主要成土母质。

山间谷地的成土母质是河湖相沉积物。系更新世所形成，堆积十分深厚，母质黏重、透水性差，上层出现潜育化过程，而且表现出有规律性的沉积层次。这类母质多发育成草甸土和沼泽土。

四、植被

七台河市自然植物种类按地貌类型可划分为森林、森林草甸、草原化草甸、草甸、沼泽和田间杂草等6种植被类型。

森林植被分布在我市东南部低山区的铁山林场、龙山林场、红山林场等地。原始植被是以红松为主的针阔叶混交林，伴生树种为杨、桦、椴、榆、柞、水曲柳等材质优良的天然林。灌木林和草本植物很多，有榛柴、苕条、玲兰、野百合等。人工林主要是落叶松、红松、樟松、水曲柳。

森林草甸植被分布在我市低山丘陵边缘岗地上，植被是以柞树为主的杂木林和以柞树、山杨、白桦为主的次生幼林。灌木林有榛柴。草本植物是以禾本科和菊科为主的次生幼林。土壤类型为白浆土。

草原化草甸植被在我市缓坡漫岗上有零星分布，植被主要是五花草塘。土壤类型是黑土。

草甸植被分布在倭肯河及其支流两岸的低平地，山间谷地上。植被有小叶樟、苔草、三棱草、洋草、落豆秧、野豌豆等，生长茂密，是草甸土典型植被。

沼泽植被分布在河滩地低洼处和沟谷洼地上。是隐域性植被类型，以湿生植物为主，水深地方生长苔草、乌拉草、三棱草等。沼泽植被对沼泽土和泥炭土的形成有重大影响。

田间杂草是在耕地上自然植被的一种生长形式。多是一年生或宿根植物，有刺儿菜、苣荬菜、黄蒿、兰花菜、水稗草、蒲公英等种类繁多。

五、地表水与地下水

七台河市境内河流共有11条，倭肯河及其支流挖金鳖河、七台河、万宝河、茄子河、中心河、龙湖河、挠力河、泥鳅河、小泥鳅河、头道岚峰河，均属宽滩河床，主河槽狭窄10~15m，滩地宽阔100~500m，河道经常性水流很少，洪水时河水出槽，河滩调节作用很大，由于地形低平，植被良好，含沙量较少，年侵蚀模数为10~20t/km²。水质均为碳酸及重碳酸钙、钠型水、pH值在7左右，总硬度为0.47~1.32mg N/L，离子总量61.5~195mg/L，水质良好，适于工农业用水。但都属于季节性河流，雨季有水，特别是降水集中季节易涝成灾。旱季河道经常性水流少甚至干枯，因此，境内河流利用率很小。

倭肯河为松花江支流,由勃利县流入境内,经由中心河、茄子河、红旗镇,是七台河市最大的一条河流。它的左岸支流是挖金鳖河;右岸支流是七台河、万宝河、茄子河、中心河。河流总长度为408km,流域总面积为5 215km²。

七台河市地下水资源比较丰富,总贮量为20.99亿m³。主要来源是大气降水形成的第四纪潜水和裂隙水。因地形起伏较大、地下水埋藏深浅不一,河流地下水埋藏深度2~10m,风化地带埋藏深度50~70m。由于地下水交替作用较强,渗透地带系数0.9~1.7m/日,涌水量为0.5~0.8kg/秒。丘陵地带地下水深度10~40m,风化地带深度65~90m,地下水交替作用较差,裂隙缝较多,渗透系数为0.22~0.475m/日,涌水量0.1~0.2kg/秒。低山水位分布在火岩熔地区,地下水埋藏深度大于40m,风化地带深度100~110m。地下水化学类型为重碳酸钙、钠型水,矿化度小于0.5g/L,为低矿化淡水(表2-6)。

表2-6 七台河市河流特征值

河流名称	市区		年径流量	平槽泄量
	流域面积(km²)	长度(km)	(亿m³)	(m³/秒)
倭肯河	2 436	94	3.53	50
七台河	200	22	0.24	53
挖金鳖河	278	37	0.35	91
万宝河	46	11	0.06	62
茄子河	404	41	0.54	30
中心河	93	28	0.12	0.5
龙湖河	121	25	0.17	无河槽
挠力河	1 132	76	1.88	33.5
泥鳅河	254	39	0.43	3.96
小泥鳅河	56	12	0.1	2.55
头道岚峰河	195	23	0.34	15.8

第二节 成土过程

土壤是独立、历史的自然体,也是人类劳动的产物。陆地上的土壤都是经过岩石(或矿物)—成土母质—土壤的统一图式演变的。而每种土壤又是在特定的气候、地形、母质、生物等自然因素和人类生产活动的作用下,通过特殊的成土过程形成的。由于成土过程的差异,才出现各类土壤。七台河市土壤的成土过程介绍如下。

一、暗棕壤化过程

暗棕壤化过程是暗棕壤土类的成土过程,实质是腐殖质积累、弱酸淋溶及轻度黏化过程。主要发生在低山丘陵区,本区生长着温带湿润针阔混交林及部分次生阔叶林,草本植物生长茂盛。坡度较大,排水良好,受大陆性季风影响夏季温暖多雨,70%~80%的雨量多集中在7月、8月和9月的3个月,也是气温最高时期,土壤中生物和化学作用十分强烈,矿物质易于分解，大量积累形成黑土层（或腐殖质层），使土壤中的钙镁和部分铁铝淋溶，而且在过渡层或淀积层中，黏粒明显增多。特别是二价、三价氧化物的积累，使剖面形成明显的棕色土层，上述过程称作暗棕壤化过程。

二、白浆化过程

白浆化过程是白浆土的成土过程。在湿润气候条件下，土壤母质属第四纪河湖黏土沉积物，质地黏重，季节性土壤冻层顶托，严重影响土壤透水性，大量集中降水及间歇性干旱导致土壤氧化还原作用交替进行。因此，土壤表层经常周期性滞水，使铁、锰等有色金属还原，形成低价铁锰大部分以侧渗的方式流出土层外，一部分下渗淀积在心土的柱状结构裂隙上，形成黑色胶膜或结核、锈斑，使亚表层逐渐脱色，形成一个白色或灰白色的白浆层。这个过程称为白浆化过程。在白浆土形成过程中，硅酸盐水解脱硅，形成二氧化硅粉末附着于结构表面。

三、腐殖质化过程

腐殖质化过程是各类土壤形成发育中最为普遍的一个成土过程。七台河市受季风影响，夏季炎热多雨，冬季冷风侵袭，干燥而寒冷，草原草本植物——五花草塘生长繁茂。晚秋死亡后由于土温低，微生物活动很弱，地上与地下残留大量植物残体。待来春冻土渐融，土温升高，冻融水下渗，在土体 50cm 以上滞水过湿通气不良，只能嫌气分解。仲夏以后土壤变干，微生物活动加强，下部仍处于嫌气条件，使植物残体转化为腐殖质在土壤中积累，形成暗灰或灰分元素受冻层和黏重母质的影响，大部分积聚在 1~2m 土层内，使黑土成为潜在肥力很高的土壤。因雨量集中，土壤可溶盐及碳酸盐受到淋溶，使土壤呈中性至微酸性，无石灰反应；而且土壤中的硅酸盐经水解后，以二氧化硅粉末形式附着于结构表面；铁锰以低价形式移动，在土层中形成铁锰结核或锈斑。由于腐殖质、黏粒和钙的存在，在外力作用下（胶体的凝聚作用，干湿交替、冻融交替、生物作用等），使土壤形成良好的团粒结构，并表现出表层黏粒向下淋溶淀积现象，构成了七台河市区黑土的特征。

四、草甸化过程

草甸化过程是草甸土的成土过程。它是腐殖质化过程的另一种形式，即土壤形成中的潴育化过程（氧化—还原过程）和腐殖质的累积过程。主要发生在倭肯河沿岸及沟谷低平原上。由于地势低平，地下水位较高，一般在 1~3m，雨季接近地面，母质多为冲积坡积物，养分丰富，草甸植被（主要为小叶樟）生长茂盛，根系密布，分解以嫌气为主，积累了大量腐殖质，这是形成土壤团粒结构的重要条件。而且地下水位浸润的土层干湿交替，使铁、锰化合物发生移动或局部淀积，形成一明显的有锈纹锈斑和铁锰结核的土层，通称为锈色斑纹层，这是草甸土基本的特征。

由于七台河市属于半山区，受地形因素影响，草甸化过程在不同地形部位上各有特点。平原区发育成平地草甸土，而土质黏重淋溶漂洗稍强的地段则发育成白浆化草甸土。在地下水位长期接近地表的地段发育成平地沼泽化草甸土及沟谷化草甸土。在人为活动水耕熟化过程中，使铁锰由下而上聚积，在表层形成锈斑，演变成新的土类——水稻土。

五、沼泽化过程

沼泽化过程包括泥炭化和潜育化过程。泥炭化过程是以植物残体形式的累积过程。主要发生在七台河市地势低洼、地表长期积水的沼泽地段，小叶樟、芦苇、漂筏苔草等沼泽植物，因嫌气条件不能彻底分解累积在表层，形成了泥炭层。

潜育化过程是在土体中发生的还原过程。因长期浸水几乎完全处于闭气状态，在分解过程中产生较多的还原物质，高价铁锰转化为亚铁锰，土体下部形成一个蓝灰色或青灰色的潜育层，此过程为潜育化过程。七台河市沟谷较多，在沼泽化过程作用下形成了各类沼泽土及沼泽化草甸土。

六、熟化过程

熟化过程是土壤受自然因素和人为因素综合影响下的土壤发过程。人为对土壤的主要影响表现在 3 个方面：一是土体构型的改造。通过农田基本建设，及施用农家肥料等项措施，增厚耕作层，改造不利的土体构型，使土壤逐步熟化。二是消除障碍因素。采取深松和修建排水工程，打破犁底层、白浆层、铁锰斑纹层，排出土壤滞水及降低地下水位。三是通过施肥、灌溉、整地及耕耘等措施，改善土壤水、气、热状况及调节补充养分，提高土壤肥力，建设主产稳定农田。但我市水土流失严重，表土遭到破坏，肥力下降，仍有待逐年加以解决。

第三节　七台河市区土壤分类系统

1983 年第二次土壤普查，七台河市区土壤共分 6 个土类，14 个亚类，17 个土属和 25 个土种。这次调查按照国家分类统一标准，分成 5 个土纲、5 个亚纲、6 个土类、14 个亚类、17 个土属 25 个土种，详见表 2-7。

第四节　土壤分类分布

一、土壤分类原则

根据黑龙江省耕地土壤分类暂行草案和七台河市区具体条件，确定如下分类原则。

（一）以发生学的观点作为土壤分类的基础

七台河市区作为耕地开垦年限较短，耕作、施肥、灌溉等人为措施对土壤影响较小。除耕层外，土体仍保持自然土壤层次结构，成土母质稳定，适合应用发生学观点进行土壤分类。发生学的观点是把土壤看成独立的历史自然体，又是人类劳动的产物，承认土壤有独特的发生、演变规律。具体地说，一切土壤都是在一定成土条件下（包括人为因素），进行着特定的成土过程，形成其特有的属性、肥力状况和剖面特征。我们将土壤的这些外在表现，作为土壤分类质的依据。

表2-7　黑龙江省与七台河市区土壤分类系统对照（此次地力评价）

土纲	亚纲	土类	亚类	原亚类	土属	原土属	省土壤名称	原土种
淋溶土	湿温淋溶土	暗棕壤	暗棕壤	暗棕壤	砾石底暗棕壤	砾石底暗棕壤	砾沙质暗棕壤	砾石底暗棕壤
				白浆化暗棕壤	沙砾质白浆化暗棕壤		沙砾质白浆化暗棕壤	白浆化暗棕壤
				原始暗棕壤	砾沙质暗棕壤		砾沙质暗棕壤	原始暗棕壤
		白浆土	白浆土	白浆土	黄土质白浆土	岗地白浆土	厚层黄土质白浆土	厚层岗地白浆土
							中层黄土质白浆土	中层岗地白浆土
半淋溶土	半湿温半淋溶土	黑土	黑土	黑土	砾底黑土	砾石底黑土	厚层砾底黑土	厚层砾底黑土
							薄层砾底黑土	薄层砾底黑土
					黄土质黑土		薄层黄土质黑土	薄层黑土
				白浆化黑土	黄土质白浆化黑土	黏底白浆化黑土	薄层砾底白浆化黑土	薄层砾底白浆化黑土
							薄层黄土质白浆化黑土	薄层黄底白浆化黑土
							中层黏底白浆化黑土	中层黏底白浆化黑土
			草甸黑土	草甸黑土	黄土质草甸黑土	黏底草甸黑土	厚层黄土质草甸黑土	厚层黏底草甸黑土
							中层黄土质草甸黑土	中层黏底草甸黑土
							薄层黄土质草甸黑土	薄层黏底草甸黑土
半水成土	暗半水成土	草甸土	潜育草甸土	潜育草甸土	黏壤质潜育草甸土	沟谷草甸土	厚层黏壤质潜育草甸土	厚层沟谷草甸土
							中层黏壤质潜育草甸土	中层沟谷草甸土
							薄层黏壤质潜育草甸土	薄层沟谷草甸土
			草甸土	草甸土	黏壤质草甸土	平地草甸土	厚层黏壤质草甸土	厚层平地草甸土
							中层黏壤质草甸土	中层平地草甸土
							薄层黏壤质草甸土	薄层平地草甸土
			白浆化草甸土	白浆化草甸土	白浆化草甸土	平地白浆化草甸土	薄层平地白浆化草甸土	薄层平地白浆化草甸土
						沟谷白浆化草甸土	厚层沟谷白浆化草甸土	厚层沟谷白浆化草甸土
			潜育草甸土	潜育草甸土	潜育草甸土	沟谷沼泽潜育草甸土	厚层沟谷沼泽潜育草甸土	厚层沟谷沼泽潜育草甸土
水成土	矿质水成土	沼泽土	泥炭沼泽土	泥炭腐殖质沼泽土	泥炭腐殖质沼泽土	沟谷泥炭腐殖质沼泽土	薄层泥炭腐殖质沼泽土	中层沟谷泥炭腐殖质沼泽土
							中层泥炭腐殖质沼泽土	中层沟谷泥炭腐殖质沼泽土
人为土	人为水成土	水稻土	淹育水稻土	淹育水稻土	草甸土型淹育水稻土	平地草甸土型淹育水稻土	厚层草甸土型淹育水稻土	厚层平地草甸土型淹育水稻土

（二）把自然土壤和农业土壤统一起来进行分类

农业土壤是在自然土壤基础上发育而成的。自然土壤所具有的土体层次构造，土壤属性和肥力状况对农业土壤有着深厚的影响。特别是当前我国技术水平还不能完全摆脱自然条件给予土壤的作用和影响。虽然人为因素的影响可以控制土壤发展演变方向，但这种控制也是在自然环境条件下进行的。因此，在土壤分类上自然土壤与农业土壤应统一分类。

（三）处理好土壤分布的地带性与隐域性问题

土壤分布的地带性与隐域性是客观存在的，两者是辩证统一的。在地带性土壤内有非地带性因素影响，可见到隐域土；在隐域土中也有地带性因素影响，如局部岗地有小面积黑土分布。因此，在分类中隐域土与地带性土壤不能截然分开，也要同时考虑统一分类。

（四）正确区分好典型性土壤与过渡性土壤

在不同生物气候带影响下，形成各类代表性典型土壤。而且过渡性生物气候带的存在及其影响，必然会形成过渡性的土壤类型。如七台河市的白浆化黑土，是黑土向白浆土过渡的过渡性土壤，该土壤具有黑土特征，兼有发育不完整的白浆层。因此，在土壤分类中要注意解决典型土壤与过渡性土壤的问题。

二、土壤分类的依据

土壤分类以成土条件、成土过程、剖面形态、属性及肥力特征等综合因素为依据。根据省、地土壤分类暂行草案规定，高级分类单元以成土条件、成土过程与主要属性为主，适当考虑肥力特点。因土类能全面反映土壤地带性特点，故以土类作为高级分类单元；低级分类单元以土壤属性与肥力特征为主，也要照顾成土条件、成土过程及剖面特征。因土种与生产关系密切，是进行农业生产的基本单位，则以土种作为低级分类单元。在系统分类中，先区分土类与土种，在土类控制下，以土种为基础，向下续分为变种，向上归纳为属，土类续分为亚类。七台河市采用土类、亚类、土属、土种和变种五级分制。

（一）土类

土类是土壤分类的高级单元。它是根据成土条件、成土过程、剖面形态及属性划分的。每个土类都是在一定生物气候带、水文条件、耕作制度等自然因素和社会条件影响下形成的，具有在草甸草原植被下富集的地带性土壤，而草甸土属非地带性土壤，黑土类与草甸土类有质的差异。按上述原则，我市土壤划分为暗棕壤、白浆土、黑土、草甸土、沼泽土、泥炭土及水稻土7个土类。

（二）亚类

亚类是土类范围内的续分单元，也是土类间的过渡类型。同一土类各亚类具有统一的成土过程，剖面形态和性质总趋势应该是一致的，但发育阶段有明显差异。过渡类型土壤，除主要成土过程外还有附加的或次要的成土过程，使土壤属性有较大的变化。而不同土类的亚类间有质的差异。例如，白浆化黑土与泥炭沼泽土是分属黑土与沼泽土2个亚类。

（三）土属

土属是亚类与土种之间承上启下的分类单元。它是亚类的续分单元，又是土种共性归纳的单元。主要是根据母质类型、性质和水文条件等地方性因素划分。例如，岗地黏底黑土及平地黏底黑土，前者易造成土壤水土流失的危害，后者土壤内涝问题严重。

（四）土种

土种是土壤低级分类的基本单元。它发育在相同母质，具有相似的发育程度，剖面层次排列、肥力特征和生产性能基本一致，并保持相对的稳定性。划分土种主要根据土壤发育程度即黑土层的厚薄，如岗地白浆土土属可进一步划分为厚层、中层和薄层3个土种，它们反映了白浆土量上的差异。

（五）变种

变种是在土种范围内，根据土壤机械组成（主要表层质地）划分的。

三、土壤分布

七台河市土壤类型较多，受气候、地形、水文等自然条件的影响，在境内分布具有一定规律性。

（一）土壤分布总趋势

七台河市境内有铁山包、八部落南山及前山等大小39个山头，构成了低山丘陵地貌类型，地势较高，是暗棕壤分布的主要地区。在低山丘陵边缘的坡岗地上，母质黏重，岗顶地势平缓，发育着岗地白浆土，呈坡积裙分布在暗棕壤土类的边缘。在倾斜漫岗上如红旗镇，母质为冲积洪积物，是黑土分布区；在江河沿岸和河谷平原，地下水位高一般在1~3m，草甸植被占优势，是草甸土分布区；倭肯河沿岸的草甸土区也分布有草甸土型水稻土；在江河、沟谷地带的低洼地、零星分布有沼泽土和泥炭土。

（二）土壤的中域性分布

土壤的中域性分布，是指在地形影响下（属于低山与低山丘陵区）地带性土壤与非地带性土壤之间依次更替，这种更替是中域性土壤分布的一个显著特征。如宏伟镇由低山丘陵到谷底依次出现暗棕壤—草甸土—沼泽土；茄子河镇由低山丘陵到沟谷平原依次出现暗棕壤—白浆土或黑土—草甸土；在红旗镇由低山丘陵到谷底依次出现暗棕壤—白浆土—黑土—草甸土—沼泽土。上述低山丘陵区由于沟谷的发育，水系多呈枝状伸展，形成的土壤组合也是枝形组合。

（三）土壤的微域性分布

土壤的微域性分布是指在小地形影响下，在短距离内土种，甚至是土类、亚类，即重复出现又依次更替的现象。七台河市土壤不仅有中域性分布，土壤的微域性分布也屡见不鲜。例如：在红旗镇岗坡地的黑土区，可见到白浆化黑土—黑土—草甸黑土；低平地上可见到草甸土—沼泽土—沼泽化草甸土的分布。

上述情况表明，七台河市土壤类型较多，而且大、中、小地形的土壤都呈现出规律性分布。从中、西部的土壤分布断面看出，依次排列着暗棕壤—白浆土—黑土—草甸土—沼泽土—泥炭土—水稻土（表2-8、表2-9）。

表2-8　土壤类型及面积统计　　　　　　　　　　　　（单位：个、hm²）

序号	土类名称	亚类数量	土属数量	土种数量	耕地面积	占总耕地（%）
1	暗棕壤	3	3	3	2 715.9	19.7
2	白浆土	2	2	2	747.1	5.4
3	黑土	3	5	8	6 539.3	47.3

（续表）

序号	土类名称	亚类数量	土属数量	土种数量	耕地面积	占总耕地（%）
4	草甸土	4	4	9	3 574.2	25.9
5	沼泽土	1	2	2	215.8	1.6
6	水稻土	1	1	1	26.6	0.2
合计	6个	14	17	25	13 818.9	—

表2-9　各乡（镇）土壤面积统计　　　　　　　　　（单位：hm²）

乡镇名称	面积	暗棕壤	白浆土	黑土	草甸土	沼泽土	水稻土
种畜场	11 465.8	2 131.4	154.8	6 018.6	2 946.5	215.8	—
红旗镇	1 934.9	503.7	401.4	493.7	508.8	—	26.6
万宝河镇	418.2	80.8	190.9	27.4	118.9	—	—
合　计	13 818.9	2 715.9	747.1	6 539.7	3 574.2	215.8	26.6

第五节　土壤类型概述

市区共有6类土壤，14个亚类，17个土属和25个土种。这次调查按照国家分类统一标准，分成5个土纲、5个亚纲、6个土类、14个亚类、17个土属25个土种。其面积分布见表2-10。各类土壤剖面形态，理化特性及生产性能如下。

一、暗棕壤

市区暗棕壤土类总面积为2 715.9hm²，占耕地总面积的19.7%。

暗棕壤群众称为山地土或石垃子土。分布在七台河市的低山丘陵、岗地陡坡上。暗棕壤土类分为砾石底暗棕壤、白浆化暗棕壤及原始暗棕壤3个土属。

（一）砾石底暗棕壤

（1）分布。砾石底暗棕壤是暗棕壤亚类的一个土属。主要分布在种畜场，其次是红旗镇，土体构型是 A_0—A_1—B—C。

（2）剖面形态。砾石底暗棕壤在自然条件下生长着柞、桦等次生林及杂草，成土母质为风化残积和坡积物。剖面主要特征：腐殖质层厚为9~22cm，平均厚度为17cm，呈暗棕至灰棕色，中壤土，粒状或团块状，结构不明显，较疏松，层次过渡明显。黑土层下是明显的沉积层，轻壤土，厚度为26cm。第三层是砾石层（或沙粒层）。

典型剖面以红旗镇红光村编号1地块为例：

腐殖质层（A_0A_1）：0~18cm，灰棕色，粒状结构，润，根系较多，中壤土，疏松，层次过渡较明显。

沉积层（B）：18~30cm，棕黄色，粒状结构，较疏松，润，根系少，轻土，层次过渡较明显。

砾石层（C）：30~80cm，砾石。

（3）农业性状。砾石底暗棕壤坡度大，质地疏松通透性好，耐涝怕旱。属中等肥力水平，保肥力弱。特别是下层土壤肥力急剧下降，故基础肥力低，加之水土流失严重，适宜发展林业、种植果树、养蜂养蚕。坡度小，土层的砾石底暗棕壤应选种耐旱贫瘠的作物，增施有机肥，培肥地力，加强水土保持工作（表2-11、表2-12）。

表2-10 七台河市区土壤面积统计 （单位：hm²）

土壤编号	土壤名称	耕 地		备注
		面积	占耕地面积（%）	
总计		13 818.9	—	
一、暗棕壤类		2 715.9	19.65	
1	砾石底暗棕壤	2 592.2	18.7	
2	白浆化暗棕壤	121	0.88	
3	原始暗棕壤	2.7	0.02	
二、白浆土类		747.1	5.41	
4	厚层岗地白浆土	412.2	2.98	
5	中层岗地白浆土	334.9	2.42	
三、黑土类		6 539.3	47.32	
6	厚层砾石底黑土	14.5	0.1	
7	薄层黏底黑土	4 005.1	28.98	
8	薄层砾石底白浆化黑土	80.5	0.58	
9	薄层黏底白浆化黑土	1 432.1	10.36	
10	中层黏底白浆化黑土	398.3	2.88	
11	厚层黏底草甸黑土	27.4	0.2	
12	中层黏底草甸黑土	410.3	2.97	
13	薄层黏底草甸黑土	171.1	1.24	
四、草甸土类		3 574.2	25.86	
14	厚层沟谷草甸土	393.9	2.85	
15	中层沟谷草甸土	1 428.2	10.34	
16	薄层沟谷草甸土	32.4	0.23	
17	厚层平地草甸土	11.8	0.09	
18	中层平地草甸土	244.2	1.77	
19	薄层平地草甸土	256.4	1.86	
20	薄层平地白浆化草甸土	87	0.63	
21	厚层沟谷白浆化草甸土	26.8	0.19	
22	厚层沟谷沼泽化草甸土	1 093.5	7.91	
五、沼泽土类		215.8	1.56	
23	中层沟谷泥炭沼泽土	198.7	1.44	
24	中层沟谷泥炭腐殖质沼泽土	17.1	0.12	
六、水稻土类		26.6	0.19	
25	厚层平地草甸土型水稻土	26.6	0.19	

表2–11　各乡镇（典型）暗棕壤面积统计

乡　镇	耕地面积（hm²）	占本土壤面积（%）	占总耕地面积（%）
合　计	2 715.9	—	—
种畜场	2 131.4	78.5	15.4
红旗镇	503.7	18.6	3.6
万宝河镇	80.8	2.9	0.6

表2–12　砾石底暗棕壤农化样分析统计

土壤养分	最大值	最小值	极　差	平均值
有机质（g/kg）	77.5	14.8	62.7	52.1
全氮（g/kg）	4.865	0.512	4.353	2.302
碱解氮（mg/kg）	313.4	99.2	214.2	218.5
有效磷（mg/kg）	87.9	17.9	70	46.6
速效钾（mg/kg）	428	70	358	150

（二）白浆化暗棕壤

（1）分布。白暗浆化暗棕壤是暗棕壤土类的一个亚类。植被为次生林，局部亦有森林草甸景观，是由暗棕壤化过程及附加白浆化过程共同影响下形成的。市区白浆化暗棕壤总面积121hm²，分布在红旗镇和万宝河镇。土体构型为 Ao—A₁—Aw—B—B—C。

$Ao—A_1—Aw—B—B—C$。

（2）剖面形态。由于地处低山丘陵的平缓处，底土黏重，上层滞水性强，还原淋溶作用明显。剖面的主要特征：第一层黑土层一般为18cm，暗棕色，重壤土，团块或团粒木结构，较疏松，层次过渡明显。第二层是片状结构不明显的黄白相间或黄白色的白浆化层，中壤土，厚度为18cm。第三层为淀积层，重壤土，厚度大于30cm，暗棕或黄棕色，粒状或蒜瓣结构。第四层是砾石层（表2–13）。

典型剖面以红旗镇红光村编号2地块为例：

腐殖质层（A₁）：0～15cm，灰棕或黑灰色，粒状结构，重壤土，较疏松，润，根系较多层次过渡明显。

白浆化层（AwB）：15～30cm，灰白色，无结构，中壤土，较紧，润，根系极少，pH值6，层次过渡明显。

淀积层（B）：30～50cm，黄棕色，核块状结构，重黏土，润，pH值6.1，层次过渡明显。

砾石层（C）：50cm以下，砾石。

表2–13　白浆化暗棕壤农化样分析统计

土壤养分	最大值	最小值	极　差	平均值
有机质（g/kg）	68.7	23.8	44.9	41
全氮（g/kg）	1.964	1.107	0.857	1.563
碱解氮（mg/kg）	212.1	154.9	57.2	195.7
有效磷（mg/kg）	60.6	24	36.6	42.5
速效钾（mg/kg）	152	102	50	123.5

（3）农业性状。黑土层薄，含量少，白浆化层通透性差，造成表层滞水，土壤冷浆。养分表现出氮素不足，严重缺磷，保肥力强。除宜林外，农业生产上应注意培肥地力，多施磷肥及加强水土保持。

（三）原始暗棕壤

（1）分布。原始暗棕壤是暗棕壤土类的一个亚类。分布在低山丘陵顶部以原始成土过程为主。七台河市分布在红旗镇，总面积 $2.7hm^2$，土体构型为 $A_0—A_1—C$。

（2）剖面形态。因位于山顶上，坡度陡、土层薄、质地粗糙土体只有极薄的腐殖质层，下层为母质层。

典型剖面以红旗镇红光村编号 3 地块为例：

腐殖质层（A_0A_1）：0~8cm，暗灰色，粒状结构，轻壤土，根系很多，层次过渡不明显。第二层为母质层，棕或黄色砾石。

（3）农业性状。坡度大，土层薄在 10cm 以下，大部分林木遭到破坏，水土流失严重，应采取封山育林措施，保持水土（表 2-14、表 2-15）。

表 2-14　各乡镇不同土种面积统计　　　　　　　　　　　（单位：hm^2）

乡　镇	种畜场	红旗镇	万宝河镇
面积合计	11 465.8	1 934.9	418.2
砾石底暗棕壤	2 131.4	428.3	32.5
白浆化暗棕壤	—	72.7	48.3
原始暗棕壤	—	2.7	—
厚层岗地白浆土	154.8	107.6	149.8
中层岗地白浆土	—	293.8	41.1
厚层砾石底黑土	—	14.5	—
薄层黏底黑土	4 005.1	—	—
薄层砾石底白浆化黑土	80.5	—	—
薄层黏底白浆化黑土	1 432.1	—	—
中层黏底白浆化黑土	398.3	—	—
厚层黏底草甸黑土	—	—	27.4
中层黏底草甸黑土	102.2	308.1	—
薄层黏底草甸黑土	—	171.1	—
厚层沟谷草甸土	326.1	17.1	50.7
中层沟谷草甸土	1 428.2	—	—
薄层沟谷草甸土	—	—	32.4
厚层平地草甸土	—	11.2	0.6
中层平地草甸土	71.9	137.1	35.2
薄层平地草甸土	—	256.4	—
薄层平地白浆化草甸土	—	87	—

（续表）

乡　镇	种畜场	红旗镇	万宝河镇
厚层沟谷白浆化草甸土	26.8	—	—
厚层沟谷沼泽化草甸土	1 093.5	—	—
中层沟谷泥炭沼泽土	198.7	—	—
中层沟谷泥炭腐殖质沼泽土	17.1	—	—
厚层平地草甸土型水稻土	—	26.6	—

表 2-15　原始暗棕壤农化样分析统计

土壤养分	最大值	最小值	极差	平均值
有机质（g/kg）	68.5	65.2	3.3	66.8
全氮（g/kg）	1.983	1.97	0.013	1.974
碱解氮（mg/kg）	182.3	156.1	26.2	163.3
有效磷（mg/kg）	37.9	32.4	5.5	33.8
速效钾（mg/kg）	152	151	1	151.7

二、白浆土

白浆土是表层滞水的潴育性半水成土壤。自然植被以柞、杨、桦等杂木为主，部分为草类。母质层为黄土状物质及冲积物。成土过程为草甸—潴育—淋溶，既白浆化过程。土体构型为 A_1—A_w—B—C。

白浆土是市区主要农业土壤，主要分布在种畜场，面积为 747.1hm^2，占市区耕地总面积的 5.4%。主要有厚层岗地白浆土和中层岗地白浆土 2 个土种。

（一）厚层岗地白浆土

（1）分布。厚层岗地白浆土属于白浆土亚类、岗地白浆土土属的土种之一。位于岗地及岗坡地上，集中在种畜场、红旗镇、万宝河镇，面积 412.2hm^2。

（2）剖面形态。主要特征是，腐殖质层为 27.3cm，呈暗灰色，轻黏土至重黏土，粒状或团粒结构，较疏松，层次过渡明显。腐殖质层下有一个过渡明显的白浆层，平均厚度为 20.6cm，呈灰白色，湿时草黄色，片状结构，轻黏土，有铁锰结核，通透性差，层次过渡明显。第三层是明显的淀积层，厚度为 36.5cm，暗棕色，棱柱状或称蒜瓣结构，有胶膜、铁锰结核和二氧化硅粉末。

典型剖面以种畜场八作业区编号 4 地块为例：

腐殖质层（A_1）：0~21cm，暗灰色，粒状结构，潮湿，较疏松，根系较多，轻黏土，层次过渡明显。

白浆层（Aw）：21~45cm，灰白色，片状结构，轻黏土，较紧，根系很少，有铁锰结核，层次过渡明显。

淀积层（B）：45~90cm，灰棕色，棱柱状结构，轻黏土，湿，较紧实，根系较少，有胶膜及铁锰结核层次过渡明显。

母质层（C）：90cm以上，黄土状物质。

（3）农业性状。厚层岗地白浆土质地上松下黏，通透性差，及全量养分多集中表层，通体呈微酸性反应，保肥中等。目前厚层岗地白浆土多数已垦为农田，但由于白浆层的存在造成土壤四性不良，冷浆、板结、怕旱、怕涝，是市区低产土壤之一。生产过程中应注意培肥土壤，增施磷肥和农家肥料，深松改土（表2-16、表2-17）。

表2-16　各乡镇白浆土面积统计

乡　镇	耕地面积（hm²）	占本土壤面积（%）	占总耕地面积（%）
合　计	747.1	—	—
种畜场	154.8	20.7	1.1
红旗镇	401.4	53.7	2.9
万宝河镇	190.9	25.6	1.4

表2-17　厚层岗地白浆土农化样分析统计

土壤养分	最大值	最小值	极　差	平均值
有机质（g/kg）	55.9	24.6	31.3	40.9
全氮（g/kg）	2.504	0.391	2.113	1.593
碱解氮（mg/kg）	222.5	107.8	114.7	170.6
有效磷（mg/kg）	76.5	11.2	65.3	41
速效钾（mg/kg）	223	71	152	130.4

（二）中层岗地白浆土

（1）分布。中层岗地白浆土是岗地白浆土土属的土种之一。分布在岗地、岗坡的中、下部。主要分布在红旗镇和万宝河镇。面积334.9hm²。

（2）剖面形态。土体构型、质地、结构、通透性行性状与厚层岗地白浆土基本相似。不同点是黑土层较薄，一般为17.2cm。

典型剖面以红旗镇红光村编号5地块为例：

腐殖质层（A_1）：0~19cm，黑灰色，粒状结构，轻黏土，较疏松，湿润，根系较多，pH值6.2，层次过渡明显。

白浆层（Aw）：19~40cm，灰白色，片状结构，轻黏土，较紧实，湿润，根系很少，有铁锰结核，pH值6.3，层次过渡明显。

淀积层（B）：40~85cm，暗棕色，棱柱状结构，较黏土，较紧实，潮湿，有胶膜及二氧化硅粉末，层次过渡明显，pH值6.3。

母质层（C）：黄土状物质，黄棕色，核块状结构，紧实，沾湿，有胶膜。

（3）农业性状。土层薄，养分总量低，氮素不足，严重缺磷，质地黏，通透性差，保肥力强。应加强培肥土壤，在氮磷比例配合的基础上多施磷肥、有机肥，提高土壤供肥力（表2-18）。

表 2-18　中层岗地白浆土农化样分析统计

土壤养分	最大值	最小值	极 差	平均值
有机质（g/kg）	54.7	28.7	26	42.4
全氮（g/kg）	1.916	0.486	1.43	1.39
碱解氮（mg/kg）	219.4	140.1	79	173.4
有效磷（mg/kg）	88.1	25.5	62.6	48.6
速效钾（mg/kg）	159	71	88	119.1

三、黑土

黑土是地带性土壤，自然植被为草原草甸植物，称为"五花草塘"。地形大都是受不同程度割切的高平原和山前洪积平原，实际上多为起伏漫岗。气候温暖湿润。成土母质为黄土状或砂质物质。土体构型是 A_1—A_1B—B—C。它是七台河市区主要农业土壤，耕地总面积为 6 539.3 亩，占总耕地面积的 47.3%。主要分布在种畜场，其次红旗镇、面积 493.7hm²、万宝河镇、面积 27.4hm²。

黑土类按其成土过程，成土条件，肥力状况及形态特征又续分为黑土、白浆化黑土及草甸黑土 3 个亚类，5 个土属，8 个土种（表 2-19）。

表 2-19　各乡镇黑土面积统计

乡　镇	耕地面积（hm²）	占本土壤面积（%）	占总耕地面积（%）
合　计	6 539.3	—	—
种畜场	6 018.2	92	43.6
红旗镇	493.7	7.5	3.6
万宝河镇	27.4	0.4	0.2

（一）厚层砾石底黑土

（1）分布。厚层砾石底黑土是黑土亚类、砾石底黑土土属的一个土种，也是七台河市区肥力较高的土壤之一。主要分布在红旗镇山脚坡地上，面积为 14.5hm²。

（2）剖面形态。可划分为 3 层：深厚的黑土层、黑黄土层（过渡层）及黄土层（母质层）。通体质地黏重，无石灰反应，有胶膜、铁锰结核，二氧化硅粉末及腐殖质淋溶条纹。

典型剖面红旗镇良种场桥北 150m，剖面代号红—47 号为例：

腐殖质层（A_1）：0~45cm，黑色，团粒结构，重壤土，较紧，湿，有胶膜及二氧化硅粉末、铁锰结核，pH 值 6.6，层次过渡明显。

淀积层（B）：45~100cm，灰棕色，块状结构，重黏土，较紧，湿，有胶膜，铁锰结核及二氧化硅粉末，pH 值 6.3，层次过渡明显。

母质层（C）：100cm 以下，砾石。

（3）农业性状。土层深厚，质地黏紧，全量养分丰富，含量多，有增产潜力。保肥力强，通体呈微酸到中性反应，但仍存在春旱秋涝及水土流失等问题。在生产上要注意用地与养地结合，保持地力，氮磷肥配合施用，解决好春旱秋涝及水土保持工作（表2-20）。

表2-20　厚层砾石底黑土农化样分析统计

土壤养分	最大值	最小值	极　差	平均值
有机质（g/kg）	67.4	63.3	4.1	65.3
全氮（g/kg）	2.108	1.993	0.115	2.037
碱解氮（mg/kg）	182.3	161.1	21.2	174.6
有效磷（mg/kg）	33.9	32.8	1.1	33.3
速效钾（mg/kg）	150	142	8	146.0

（二）薄层黏底黑土

（1）分布。薄层黏底黑土：薄层黏底黑土是黑土类中面积较大的一个土种。面积为4 005.1hm²，占黑土类面积的61.2%，占耕地面积28.9%，该土种只分布在种畜场。

（2）剖面形态。腐殖质层（A_1）0~22cm，黑色，结构不明显、壤质、较松、润、有铁锰结核，根系多，层次明显。

过渡层（A_B）22~31cm，暗灰色，团粒，壤质、较紧、湿润，有铁锰结核，根少，层次明显。

沉积层（B）8~110cm，棕黄色，块状结构，黏壤，湿润，有铁锰结核，根极少，层次明显。

母质层（C）110cm以下，黄色，块状、黏壤紧，湿润。

（3）农业性状。薄层黏底黑土全量养分较高，速效氮磷较低，钾素较高。耕性较好，在中壤土与轻壤土之间。应增施有机肥，采取翻松结合的耕作方法，改良理化性质（表2-21）。

表2-21　薄层黏底黑土农化样分析统计

土壤养分	最大值	最小值	极　差	平均值
有机质（g/kg）	78.1	16.8	61.3	41.9
全氮（g/kg）	4.865	0.805	4.06	1.8
碱解氮（mg/kg）	301.1	99.2	201.9	176.9
有效磷（mg/kg）	88	6.5	81.5	39.9
速效钾（mg/kg）	257	70	187	137.0

（三）薄层砾石底白浆化黑土

（1）分布。薄层砾石底白浆化黑土是黑土类中的一个亚类。是在黑土成土过程中，有白浆化过程发生。表现在土体中有不明显的白浆层，在黑土的B层或A_1层发生。由此，土壤水分状况、物理化学性质及肥力情况都发生了变化。砾石底白浆化黑土是白浆化黑土亚类中的一个土属。主要识别标志是白浆化黑土中是砾石底。多分布在岗坡，或白浆土与黑土的过渡带上。薄层砾石底白浆化黑土面积80.5hm²，占黑土类面积1.2%，占耕地0.6%，该土种只分布在种畜场（表2-22）。

（2）剖面形态。腐殖质层（A_1）：0~10cm，暗棕色，粒状结构，沙壤土，紧、干燥，根系多，层次不明显。

过渡层（A$_w$B）：10~30cm，棕色，无结构，沙壤，紧、干燥，根少，层次不明显。

母质层（C）：30cm 以下，砾石多，有夹土，棕色，湿。

表 2-22　薄层砾石底白浆化黑土农化样分析统计

土壤养分	最大值	最小值	极 差	平均值
有机质（g/kg）	39.3	26.7	12.6	30.88
全氮（g/kg）	3.498	0.991	2.507	1.735
碱解氮（mg/kg）	269.5	192.9	76.6	215.9
有效磷（mg/kg）	45.2	19.9	25.3	35.5
速效钾（mg/kg）	157	119	38	133.7

（四）薄层黏底白浆化黑土

（1）分布。薄层黏底白浆化黑土是黑土亚类、黏底白浆化黑土土属的一个土种。分布的地形部位比厚层砾石底黑土稍高的部位。市区该土种主要分布在种畜场，面积为1 432.1hm^2。

（2）剖面形态。成土条件，成土过程基本和厚层砾石底黑土相似。但底土黏重及淋溶漂洗作用加强，又附加了白浆化的成土过程。剖面可划分为 3 层：腐殖质层、白浆化层及淀积层，母质层为沉积和冲积物。

典型剖面以种畜场第九作业区编号 5 地块为例：

腐殖质层（A$_1$）：0~16cm，棕灰色，粒状结构，稍紧，湿润，根系很多，重壤土，pH值 6.9，层次过渡明显。

白浆化层（A$_1$ Aw）：16~23cm，浅灰色，粒状结构，轻黏土，润，稍紧，根系少，有铁锰结核，pH 值 6.9，层次过渡明显。

淀积层（B）：23~33cm，棕灰色，核状结构，轻黏土，稍紧，湿润，pH 值 6.6，层次过渡明显。

母质层（C）：黄土状物质。

（3）农业性状。薄层黏底白浆化黑土、全量氮、磷、钾均属中等水平，次于厚层砾石底黑土。阳离子代换量 26me/100g 土，保肥力强。主要问题在于白浆化层次养分贫瘠及质地黏重，通透性较差，涝害及水土流失现象严重，应加强水土保持工作（图 2-23）。

表 2-23　薄层黏底白浆化黑土农化样分析统计

土壤养分	最大值	最小值	极 差	平均值
有机质（g/kg）	80.8	20.9	59.9	36.8
全氮（g/kg）	4.082	0.227	3.855	1.893
碱解氮（mg/kg）	321.1	105.6	215.5	192.7
有效磷（mg/kg）	85.9	13.9	72	40.7
速效钾（mg/kg）	387	71	316	142.3

（五）中层黏底白浆化黑土

（1）分布。该土种全部分布在种畜场，面积为398.3hm²，占黑土类面积6.1%，占总耕地面积2.9%。

（2）剖面形态。腐殖质层（A_1）：0~38cm，暗灰色，粒状结构，壤质，较松，有铁锰结核，层次明显。

过渡层（A_wB）：38~60cm，浅灰色，块状，黏紧，湿润，有白色粉末，根少，层次不明显。

淀积层（B）：60~90cm，棕黄色，核块状，紧、湿润，无根系，层次明显。

母质层（C）：90cm以下，棕色，块状，紧、湿，层次明显。

（3）农业性状。该土种土质较黏重，基础肥力较好，在耕种时，应注意氮磷比例，使之满足作物需要（表2-24）。

表2-24　中层黏底白浆化黑土农化样分析统计

土壤养分	最大值	最小值	极差	平均值
有机质（g/kg）	59.7	21.2	38.5	36.3
全氮（g/kg）	4.196	0.206	3.99	1.833
碱解氮（mg/kg）	270.1	149.9	120.2	205.5
有效磷（mg/kg）	85.9	17.1	68.8	55.1
速效钾（mg/kg）	349	99	250	140.0

（六）厚层黏底草甸黑土

（1）分布。厚层黏底草甸黑土是草甸黑土亚类、黏底草甸黑土土属的一个土种。位于漫岗地下部及平地，是黑土向草甸土过渡的厚层黏底草甸黑土区。该土种主要分布在万宝河镇，面积为27.4hm²。

（2）剖面形态。黑土层较厚，一般在50cm以上，色深，质地较黏，全剖面无石灰反应，由于潜水部位较高，淀积层以下有锈斑，土体中有多量铁锰结核及二氧化硅粉末。生长着喜湿性杂草类，母质为黄土物质。

典型剖面以万宝河镇八道岗村编号6地块为例：

腐殖质层（A_1）：0~52cm，黑或暗灰色，团粒结构，轻黏土，较紧，润，根系较少，pH值6.5，层次过渡明显。

淀积层（B）：52~110cm，暗棕色，粒状结构，中黏土，紧实，润，pH值6.7，层次过渡明显。

母质层（C）：110~140cm，棕黄色，核块状结构，中黏土，有铁锰结核、锈斑及胶膜，pH值6.7。

（3）农业性状。黑土层深厚（>50厘米），质地为轻黏土至中黏土，底土较黏，全量养分丰富，>4%，通体呈中性反应，是肥力较高的土壤。但土壤含水量较高，排水不良，土温低，前期小苗发锈，后期易贪青，易内涝。在生产中应注意采取排水措施，改良物理性状，保持土壤肥力（表2-25）。

表 2-25　厚层黏底草甸黑土农化样分析统计

土壤养分	最大值	最小值	极差	平均值
有机质（g/kg）	55.8	42.7	13.1	51.5
全氮（g/kg）	1.915	1.819	0.096	1.849
碱解氮（mg/kg）	203.2	182.3	20.9	198.2
有效磷（mg/kg）	76.5	38.3	38.2	64
速效钾（mg/kg）	162	150	12	156.3

（七）中层黏底草甸黑土

（1）分布。中层黏底草甸黑土是草甸黑土亚类、黏底草甸黑土土属的一个土种。位于漫岗下部及平地。该土种在市区主要分布在红旗镇，面积为 308.1hm²；其次是种畜场，面积为 102.2hm²。

（2）剖面形态。成土条件，土体层次结构与厚层黏底草甸黑土相似，黑土层一般为 37cm，肥力状况仅次于厚层黏底草甸黑土，但通透性好些。

典型剖面以小五站矿西南 500m，剖面代号红—226 号为例：

腐殖质层（A_1）：0~30cm，暗灰色或灰黑色，团粒结构，重壤土，稍紧，润，根系较少，下部有铁锰结核，pH 值 6.6，层次过渡明显。

淀积层（B）：30~110cm，棕黑色或暗棕色，粒状结构，重壤土，紧实，润，根系较少，有大量铁锰结核，pH 值 6.6，层次过渡明显。

母质层（C）：110cm 以下，棕色，核块状结构，轻黏土，紧实，润，有锈纹锈斑、铁锰结核、胶膜等，pH 值 6.8。

（3）农业性状。农业生产问题及利用与厚层黏底草甸黑土相同，但该土壤地处缓坡，应加强保土保肥工作（表 2-26）。

表 2-26　中层黏底草甸黑土农化样分析统计

土壤养分	最大值	最小值	极差	平均值
有机质（g/kg）	77.1	23.3	53.8	48.4
全氮（g/kg）	4.52	0.828	3.692	2.375
碱解氮（mg/kg）	306.4	115.8	190.6	227.7
有效磷（mg/kg）	56.9	5.9	51	31.7
速效钾（mg/kg）	372	68	304	191.9

（八）薄层黏底草甸黑土

（1）分布。薄层黏底草甸黑土是草甸黑土亚类、黏底草甸黑土土属的一个土种。该土种在市区集中分布在红旗镇红卫等村的岗坡地中、下部，地势平缓。面积为 171.1hm²。

（2）剖面形态。腐殖质层薄，平均为 22.5cm，剖面层次组成及其性状都和同土属的厚层黏底草甸黑土相似。

典型剖面以红旗乡红光村勃利吉兴矿西 250m 处，剖面代号红—27 号为例：

腐殖质层（A_1）：0～25cm，灰黑色，粒状结构，重壤土，稍紧，润，根系较多，有铁锰结核，pH 值 6.4，层次过渡不明显。

淀积层（B）：25～95cm，暗棕色，块状结构，轻黏土，紧实，润，根系较少，有大量铁锰结核，pH 值 6.6，层次过渡明显。

母质层（C）：95cm 以下，棕色，轻黏土，紧实，润，pH 值 6.7，有胶膜、锈纹斑及铁锰结核。

（3）农业性状。土壤呈中性反应，底土黏重，通透性能差，土壤全量养分适中，有明显下降趋势，水土流失严重。在农业生产上，应增施优质有机肥，作物后期注意补充氮磷肥，做好水土保持工作，提高土壤肥力（表 2-27、表 2-28）。

表 2-27　薄层黏底草甸黑土农化样分析统计

土壤养分	最大值	最小值	极差	平均值
有机质（g/kg）	54	29.1	24.9	46
全氮（g/kg）	2.383	1.146	1.237	1.837
碱解氮（mg/kg）	306.4	126.7	179.7	181
有效磷（mg/kg）	60.6	11.8	48.8	37.1
速效钾（mg/kg）	202	113	89	163.7

表 2-28　各乡镇草甸土面积统计

乡　镇	耕地面积（hm²）	占本土壤面积（%）	占总耕地面积（%）
合　计	3 574.2	—	—
种畜场	2 946.5	82.4	21.3
红旗镇	508.8	14.2	3.7
万宝河镇	118.9	3.4	0.9

四、草甸土

草甸土是直接受地下水浸润，在草甸植被下发育而成的非地带性半水成土壤。含量高，土壤肥沃，水分充足，是七台河市仅次于黑土的肥沃土壤。成土母质以淤积为主，少数为洪积物和湖积物。生长着小叶樟、苔草等草甸植物，局部低湿地生长三棱草、芦苇等喜湿植物。草甸土分布在低平地和山间沟谷地带。市区草甸土面积 3 574.2hm²，占总耕地面积的 25.9%。草甸土类按其成土过程、成土条件、形态特征及肥力状况分为 4 个亚类，4 个土属，9 个土种。

（一）厚层沟谷草甸土

（1）分布。厚层沟谷草甸土是草甸土亚类、沟谷草甸土土属的一个土种。面积为 393.9hm²，主要分布在种畜场，面积为 326.1hm²；其次分布在万宝河镇、红旗镇，面积分别为 50.7hm²、17.1hm²（表 2-29）。

表 2-29　厚层沟谷草甸土农化样分析统计

土壤养分	最大值	最小值	极差	平均值
有机质（g/kg）	61.4	25.4	36	40.7
全氮（g/kg）	2.969	1.28	1.689	1.968
碱解氮（mg/kg）	303.4	129.3	174.1	190.2
有效磷（mg/kg）	74.9	22.3	52.6	49.9
速效钾（mg/kg）	232	111	119	144.5

（2）剖面形态。黑土层厚，腐殖质含量高，下层为锈色斑纹层，母质为沙层，沙砾等。典型剖面以红旗乡红旗村编号 6 地块为例：

腐殖质层（A_1）：0～30cm，黑色，粒状结构，重壤土，润，稍紧，根系很多，pH 值 6.3，层次过渡明显。

过渡层（A_1Cw）：30～65cm 米，暗灰色，粒状结构，湿，有少量锈斑，pH 值 6.6，层次过渡不明显。

锈色斑纹层（Cw）：65cm 以下，棕色，粒状结构，轻黏土，稍紧，pH 值 6.6，潮湿，有大量锈纹锈斑，向下过渡到母质层。

（3）农业性状。腐殖质层较厚，全量养分丰富，土壤呈微酸到中性反应，质地为重壤土至轻黏土。保肥力强，适于发展蔬菜及农作物生产。

（二）中层沟谷草甸土

（1）分布。中层沟谷草甸土亚类、沟谷草甸土土属的一个土种。主要分布在种畜场，面积为 1 428.2hm²，占总耕地面积 10.3%。

（2）剖面形态。典型剖面以种畜场第七作业区编号 7 地块为例：

腐殖质层（A_1）：0～30cm，黑色，团粒结构，重壤土，湿润，稍紧，根系很多，pH 值 5.5，层次过渡明显。

过渡层（A_1Cw）：30～65cm，黑灰色，团粒结构，轻黏土，湿，稍紧，pH 值 6，有铁锰结核和少量的锈斑，层次过渡不明显。

锈色斑纹层（Cw）：65～130cm，暗棕色，粒状结构，轻黏土，湿，紧实，pH 值 5.5，有大量的锈纹斑及铁锰结核。

（3）农业性状。中层沟谷草甸土的黑土层较厚，通体呈微酸性（pH 值 5.5～6.0），质地由表土至底土为重壤土至轻黏土，团粒结构，多雨年或季节注意排水问题（表 2-30）。

表 2-30　中层沟谷草甸土农化样分析统计

土壤养分	最大值	最小值	极差	平均值
有机质（g/kg）	77.2	25.8	51.4	40.9
全氮（g/kg）	4.323	0.881	3.442	2.262
碱解氮（mg/kg）	310.5	151.7	158.8	214.5
有效磷（mg/kg）	85.9	22.1	63.8	53.2
速效钾（mg/kg）	365	76	289	151.5

（三）薄层沟谷草甸土

（1）分布。薄层沟谷草甸土是属草甸土亚类、沟谷草甸土土属的一个土种。面积为 32.4hm²，占耕地总面积的 0.2%，主要分布在万宝河镇桃山村。

（2）剖面形态。典型的剖面以万宝河镇桃山村编号为 8 地块为例：

腐殖质层（A1）：0~24cm，黑色，粒状结构，轻黏土，湿润，根系很多，稍紧，pH 值 5.9，层次过渡明显。

锈色斑纹层（Cw）：24~80cm，棕色，团粒结构，轻黏土，潮湿，稍紧，pH 值 6.2，有大量的锈纹锈斑。

（3）农业性状。质地为轻黏土，结构良好，阳离子代换量为 39me/100g 土，保肥力强，是基础肥力较高的土壤（表 2-31）。

表 2-31　薄层沟谷草甸土农化样分析统计

土壤养分	最大值	最小值	极差	平均值
有机质（g/kg）	48.8	46.5	2.3	47.3
全氮（g/kg）	1.905	1.905	0	1.905
碱解氮（mg/kg）	306.4	212.9	93.5	244.1
有效磷（mg/kg）	44.1	42.6	1.5	43.4
速效钾（mg/kg）	119	116	3	117.5

（四）厚层平地草甸土

（1）分布。厚层平地草甸土是属草甸土亚类、平地草甸土土属的一个土种。市区总面积为 11.8hm²，主要分布在红旗镇和万宝河镇（表 2-32）。

表 2-32　厚层平地草甸土农化样分析统计

土壤养分	最大值	最小值	极差	平均值
有机质（g/kg）	54.6	33.1	21.5	44.6
全氮（g/kg）	2.005	0.977	1.028	1.516
碱解氮（mg/kg）	306.4	156.6	149.8	209.9
有效磷（mg/kg）	59.1	27.6	31.5	47.5
速效钾（mg/kg）	107	82	25	93.8

（2）剖面形态。土体由腐殖质层及锈色斑纹层构成，全剖面无石灰反应。

典型剖面以万宝河镇红岩村编号 9 地块为例：

腐殖质层（A1）：0~50cm，暗灰色，小粒状结构，重壤土，稍紧，润，根系很多，pH 值 6，层次过渡明显。

锈色斑纹层（Cw）：50~80cm，黄棕色，粒状结构，轻黏土，稍紧，潮湿，pH 值 5.5，有大量锈纹锈斑及铁锰结核

（3）农业性状。腐殖质层深厚，土壤肥沃，地势平坦，水分条件好。

（五）中层平地草甸土

（1）分布。中层平地草甸土是属草甸土亚类、平地草甸土土属的一个土种。主要分布在红旗镇，面积为137.1hm²，其次分布在种畜场、万宝河镇，面积分别为71.9hm²、35.2hm²。

（2）剖面形态。土体由腐殖质层、过渡层和锈色斑纹层组成。

典型剖面以红旗镇红旗村剖面代号红—145号为例：

腐殖质层（A_1）：0~23cm，黑棕色，中壤土，块状结构，潮湿，稍紧，根系较少，pH为5.9，层次过渡明显。

过渡层（A_1Cw）：23~85cm，黑至黑灰色，轻黏土，粒状结构，湿，较紧实，根系很少，有铁锰结核，pH值6.4，层次过渡明显。

锈色斑纹层（Cw）：85~153cm，灰棕色，轻黏土，块状结构，紧实，有大量锈纹锈斑。

（3）农业性状。土壤肥沃，质地适中，通透性能较好，是良好的农业土壤（表2-33）。

表2-33 中层平地草甸土农化样分析统计

土壤养分	最大值	最小值	极差	平均值
有机质（g/kg）	76.5	39.7	36.8	57.6
全氮（g/kg）	3.155	1.167	1.988	2.179
碱解氮（mg/kg）	306.4	120.7	185.7	191.1
有效磷（mg/kg）	85.8	18.7	67.1	40.1
速效钾（mg/kg）	174	93	81	138.4

（六）薄层平地草甸土

（1）分布。薄层平地草甸土是属草甸土亚类、平地草甸土土属的一个土种。市区主要分布在红旗镇，面积为256.4hm²，占总耕地面积1.9%。

（2）剖面形态。黑土层极薄，平均小于20cm。下层是明显的锈色斑纹层，母质为黄土状物质。土壤严重缺磷，通体质地黏紧、过湿、通透性差、土壤冷浆。

典型剖面以红旗镇太和村果树场家属房东500m，剖面代号红—26号为例：

腐殖质层（A_1）：0~4cm，灰黑色，团粒结构，中黏土，潮湿，稍紧，根系较多，pH值5.9，层次过渡明显。

过渡层（A_1Cw）：14~150cm，棕黄色，团粒结构，重黏土，潮湿，坚实，pH值6.7，层次过渡明显。

锈色斑纹层（Cw）：150~170cm，棕黄色，块状结构，重黏土，潮湿，pH值6.7，有大量的锈纹锈斑结构。

（3）农业性状。该土种质地黏重，土壤过湿、冷浆、通透性差，保肥力强。生产中应注意改善土壤不良物理性状，做好防涝工作，增施磷肥（表2-34）。

表2-34 薄层平地草甸土农化样分析统计

土壤养分	最大值	最小值	极差	平均值
有机质（g/kg）	60.5	28.5	32	42.9
全氮（g/kg）	2.635	0.577	2.058	1.78

（续表）

土壤养分	最大值	最小值	极差	平均值
碱解氮（mg/kg）	306.4	149.7	156.7	202.3
有效磷（mg/kg）	85.8	19.5	66.3	32.5
速效钾（mg/kg）	202	113	88	163.7

（七）薄层平地白浆化草甸土

（1）分布。薄层平地白浆化草甸土是属白浆化草甸土亚类、平地白浆化草甸土土属的一个土种。其成土过程为草甸化过程，附加白浆化过程。该土种主要分布在红旗镇，面积为 27.0hm²，占总耕地面积的 0.6%。

（2）剖面形态。黑土层薄，来表层为灰白色的白浆化层，下部为不太明显的淀积层，土壤质地通体较黏，通透性差，适宜种植水稻。

薄层平地白浆化草甸土的典型剖面，以红旗镇太和村编号 9 地块为例：

腐殖质层（A_1）：0~20cm，灰黑色，粒状结构，轻黏土，稍紧，湿润，根系较多，有铁锰结核，pH 值 6，层次过渡明显的。

白浆化层（AwB）：20~38cm，灰白色，粒状结构，轻黏土，紧实，湿润，根系很少，pH 值 6.1，层次过渡明显。

淀积层（Bcg）：38~105cm，棕黑色，核块状结构，中黏土，紧实，潮湿，有锈纹锈斑。

（3）农业性状。通体质地为轻黏土至中黏土，通透性差，通体呈微酸性反应。保肥力强，生产上应注意多补充磷肥，提高与改善理化性状（表 2-35）。

表 2-35 薄层平地白浆化草甸土农化样分析统计

土壤养分	最大值	最小值	极差	平均值
有机质（g/kg）	80.8	26.8	54	50.1
全氮（g/kg）	3.574	1.135	2.439	2.022
碱解氮（mg/kg）	259.6	121.3	138.3	188.9
有效磷（mg/kg）	39.1	11.8	27.3	28.1
速效钾（mg/kg）	299	84	215	165.5

（八）厚层沟谷白浆化草甸土

（1）分布。厚层沟谷白浆化草甸土是白浆化草甸土亚类，是黏壤质白浆化草甸土土属的一个土种，其成土过程为草甸化过程，附加白浆化过程。分布在种畜场，面积为 26.8hm²，占草甸土类面积 0.7%，占耕地面积 0.2%（表 2-36）。

表 2-36 厚层沟谷白浆化草甸土农化样分析统计

土壤养分	最大值	最小值	极差	平均值
有机质（g/kg）	83.8	42.4	41.4	57.1
全氮（g/kg）	3.177	1.304	1.873	1.986

（续表）

土壤养分	最大值	最小值	极差	平均值
碱解氮（mg/kg）	301.1	167.7	133.4	218.6
有效磷（mg/kg）	45.7	36.8	8.9	40.7
速效钾（mg/kg）	150	93	57	116.4

（2）剖面形态。典型剖面以种畜场第六作业区编号9地块为例：

腐殖质层（A_1）：0~45cm，暗灰色，团粒结构，壤质，有锈斑，层次明显。

白浆层（A_W）：灰白色。

过渡层（A_WB）：70~110cm，灰色，无结构，较松、湿润，有锈斑，根少，层次明显。

淀积层（B）：110~150cm，棕色，块状，紧、湿润，层次明显。

母质层（C）：150cm以下，棕色、块状。

（九）厚层沟谷沼泽化草甸土

（1）分布。厚层沟谷沼泽化草甸土是沼泽化草甸土亚类、沟谷沼泽化草甸土土属的一个土种。主要分布在低湿地上，自然植被为喜湿性植物，其成土过程以草甸化过程为主，附加沼泽化过程。该土种主要分布在种畜场，面积为1 093.5hm²。占总耕地面积7.9%。

（2）剖面形态。剖面主要特征和草甸土相似。地表有较薄的草根层，土体有锈斑和潜育斑，母质层可见到潜育层。水源充足可发展稻田。

厚层沟谷沼泽化草甸土，以种畜场一作业区编号为10地块为例：

腐殖质层（AsA_1）：0~120cm，暗灰色，团粒结构，轻黏土，湿，有大量的锈斑和铁锰结核，pH值6。

（3）农业性状。厚层沟谷沼泽化草甸土的黑土层深厚，一般大于100cm。通体为团粒结构，质地由表土到底土为重壤土至轻黏土，表现为上松下实，通透性差，呈微酸性反应。因地处低平地，土壤过湿。农业生产上应注意解决内涝问题（表2-37）。

表2-37 厚层沟谷沼泽化草甸土农化样分析统计

土壤养分	最大值	最小值	极差	平均值
有机质（g/kg）	89.8	22.5	67.3	45.9
全氮（g/kg）	3.683	0.426	3.257	1.856
碱解氮（mg/kg）	321.1	92.7	228.4	198.4
有效磷（mg/kg）	65.7	14.3	51	38.7
速效钾（mg/kg）	258	66	192	135.1

五、沼泽土

沼泽土是受地表水和地下水浸润的非地带性土壤。自然植被为苔草、三棱草、小叶樟、芦苇等喜湿性植物。主要分布在山间沟浴及低洼积水处，母质为冲积或沉积物，其成土过程为泥炭化和潜育化过程，也就是沼泽化过程。根据沼泽土的附加成土过程，成土条件，形态特征和肥力状况，将沼泽土类续分为 1 个亚类，2 个土属，2 个土种。市区沼泽土总耕地面积 215.8hm²，占全市耕地总面积的 1.6%（表 2-38、表 2-39）。

表 2-38　各乡镇沼泽土面积统计

乡　镇	耕地面积（hm²）	占本土壤面积（%）	占总耕面积（%）
合计	215.8	—	—
种畜场	215.8	100	1.6
红旗镇	—	—	—
万宝河镇	—	—	—

表 2-39　中层沟谷泥炭沼泽土农化样分析统计

土壤养分	最大值	最小值	极差	平均值
有机质（g/kg）	59.6	14.8	44.8	37.9
全氮（g/kg）	3.501	0.764	3	2.737
碱解氮（mg/kg）	278.9	126.1	152.8	218.8
有效磷（mg/kg）	75.2	19.7	55.5	45.3
速效钾（mg/kg）	188	108	80	132.1

（一）中层沟谷泥炭沼泽土

（1）分布。中层沟谷泥炭沼泽土是属泥炭沼泽土亚类，沟谷泥炭沼泽土土属的一个土种。该土种主要分布在种畜场，面积为 198.7hm²，占总耕地面积的 1.4%。

（2）剖面形态。土体由泥炭层及潜育层构成。泥炭层上有较薄的覆盖层，地下水接近地表或地表积水。

典型剖面以种畜场二作业区编号为 11 地块为例：

覆盖层（AsA1）：0~35cm，灰棕色，无结构，紧实，湿，有锈斑，铁锰结核，根系很多，pH 值 5.1。

泥炭层（At）：35~80cm，黑色，无结构，中黏土，紧实，湿，有锈斑，根系很多，pH 值 5.4，层次过渡明显。

潜育层（G）：地下水面。

（3）农业性状。土地埋藏大量泥炭，是发展农业生产的宝贵资源，可供开发利用。

（二）中层沟谷泥炭腐殖质沼泽土

（1）分布。中层沟谷泥炭腐殖质沼泽土是泥炭腐殖质沼泽土亚类唯一的一个土属。分布在山间洼地及水线地带，自然植被为芦苇。市区该土种主要分布在种畜场，面积为 17.1hm²。占耕地总面积的 0.12%。

（2）剖面形态。典型剖面以种畜场林业局编号为 12 地块为例：

泥炭层（AsA1）：0~30cm，暗棕色，主要是草根及泥炭。

腐殖质层（A1）：30~70cm，黑灰色，团粒结构，轻黏土，较紧，潮湿，有潜育斑，根系很多。

潜育层（G）：70cm以下，灰色，团粒结构，中黏土，较紧，湿，有明显的潜育层。

（3）农业性状。土壤终年积水，如修建排灌工程，可垦为水田（表2-40）。

表2-40　中层沟谷泥炭腐殖质沼泽土农化样分析统计

土壤养分	最大值	最小值	极差	平均值
有机质（g/kg）	83.8	59.6	24.2	63.5
全氮（g/kg）	4.438	1.87	2.5	2.568
碱解氮（mg/kg）	316.8	174.6	142.2	270.1
有效磷（mg/kg）	69.9	36.9	33	57.4
速效钾（mg/kg）	178	126	52	141.6

六、水稻土

水稻土是人类栽培水稻的农业土壤，又称北方水稻土。七台河市区栽培水稻年限较短，除表层外，土体仍保持原土壤的层次结构。目前市区只有草甸土型水稻土。按其分类要求又续分为1个亚类、1个土属、1个土种。市区水稻土主要分布在红旗镇，面积为26.6hm²，占总耕地面积的0.2%（表2-41）。

表2-41　各乡镇水稻土面积统计

乡　镇	耕地面积（hm²）	占本土壤面积（%）	占总耕地面积（%）
合计	26.6	—	—
种畜场	—	—	—
红旗镇	26.6	100	0.2
万宝河镇	—	—	—

厚层平地草甸土型水稻土

（1）分布。厚层平地草甸土型水稻土是草甸土型水稻土亚类、平地草甸土型水稻土土属的一个土种，主要分布在红旗镇红卫村，面积为26.6hm²。

（2）剖面形态。表层为鳝血层，以下仍保持草甸土层次。

典型剖面以红旗镇红卫村编号为13地块为例：

腐殖质层（A₁）：0~25cm，棕黑色，团粒结构，轻黏土，潮湿，根系很多，稍紧，pH值6.3，有锈斑。

锈色斑纹层（Cw）：25~35cm，棕色，团粒结构，中黏土，湿，根系很少，有大量锈纹锈斑，稍紧，pH值6.4。

潜育层（G）：35~45cm，蓝灰色，粒状结构，中黏土，湿，稍紧，pH值6.5。

（3）农业性状。土质肥沃，腐殖质层较厚，适宜种植水稻（表2-42）。

表 2-42　厚层平地草甸土型水稻土农化样分析统计

土壤养分	最大值	最小值	极差	平均值
有机质（g/kg）	71.5	61.1	10.4	66.3
全氮（g/kg）	3.898	3.14	0.758	3.519
碱解氮（mg/kg）	259.6	217.8	41.8	243
有效磷（mg/kg）	81.2	50.8	30.3	66
速效钾（mg/kg）	226	194	42	210.0

第三章　耕地地力评价技术路线

耕地地力调查是对耕地的土壤属性、耕地的养分状况等进行的调查，在查清耕地地力的基础上，根据地力的好坏进行等级划分，最终对耕地进行综合评价，同时，建立耕地质量管理地理信息系统。这项工作不仅直接为当前农业和农业生态环境建设服务，更是为今后更好地培育肥沃的土壤、建立安全健康的农业生产立地环境和现代耕地质量管理方式奠定基础。

第一节　调查方法与内容

一、调查方法

本次调查工作采取的方法是内业调查与外业调查相结合的方法。内业调查主要包括图件资料的收集、文字资料的收集；外业调查包括耕地的土壤调查、环境调查和农业生产情况的调查。

（一）内业调查

1. 基础资料准备

基础资料包括图件资料、文件资料、数字资料和电脑软件资料4种。

图件资料：主要包括1982年第二次土壤普查编绘的1:10万的《七台河市土壤图》、1:2.5万《种畜场土壤图》，国土资源局土地详查时编绘的1:2.5万的《七台河市土地利用现状图》，1:5万的《七台河市地形图》，1:5万的《七台河市行政区划图》。

数字资料：主要采用七台河市统计局最新的统计数据资料。七台河市耕地总面积采用统计局统计上报面积为 13 818.9hm^2。

文件资料：包括第二次土壤普查编写的《七台河市土壤》《七台河市农业区划报告》《七台河市志》等。

电脑软件资料：采用江苏省扬州开发的软件（县域耕地资源管理信息系统 V3）、哈尔滨万图信息技术开发有限公司软件。

2. 参考资料、补充调查资料准备

对上述资料记载不够详尽或因时间推移利用现状发生变化的资料等，进行了专项的补充调查。主要包括近年来农业技术推广概况，如良种推广、科技施肥技术的推广、病虫鼠害防治等；农业机械，特别是耕作机械的种类、数量、应用效果等；水田种植面积、生产状况、产量等方面的改变与调整进行了补充调查。

（二）外业调查

外业调查包括土壤调查、环境调查和农户生产情况调查。主要方法如下。

1. 布点

布点是调查工作的重要一环，正确的布点能保证获取信息的典型性和代表性；能提高耕地地力调查与质量评价成果的准确性和可靠性；能提高工作效率，节省人力和资金。

（1）布点原则。

代表性、兼顾均匀性：布点首先考虑到市区耕地的典型土壤类型和土地利用类型；其次耕地地力调查布点要与土壤环境调查布点相结合。

典型性：样本的采集必需能够正确反应样点的土壤肥力变化和土地利用方式的变化。采样点布设在利用方式相对稳定，避免各种非正常因素的干扰的地块。

比较性：尽可能在第二次土壤普查的采样点上布点，以反映第二次土壤普查以来的耕地地力和土壤质量的变化。

均匀性：同一土类、同一土壤利用类型在不同区域内尽量保证点位的均匀性。

（2）布点方法。聘请了熟悉全市土壤情况并参加过第二次土壤普查的有关技术人员参加此项工作，依据采土布点原则，确定调查的采样点。

（3）具体方法。

修订土壤分类系统：为了便于以后全省耕地地力调查工作的汇总和这次评价工作的实际需要，我们把七台河市区第二次土壤普查确定土壤分类系统归并到省级分类系统。七台河市原有的分类系统为7个土类，16个亚类，16个土属和30个土种，共计33个上图单元。归并到省级分类系统为5个土纲、5个亚纲、6个土类、8个亚类、10个土属、28个土种。

确定调查点数和布点：大田调查点数的确定和布点。按照平均每个点代表45~50hm²的要求，在确定布点数量时，以这个原则为控制基数，在布点过程中，充分考虑了各土壤类型所占耕地总面积的比例、耕地类型以及点位的均匀性等。然后将《土地利用现状图》和《七台河市土壤图》叠加，将叠加后的图像作为一个图层添加到谷歌地球里，再用谷歌地球精确确定调查点位。在土壤类型和耕地利用类型相同的不同区域内，保证点位均匀分布。该项目区域初步确定点位321个。

2. 采样

土样采样方法：在作物收获后进行取样。

野外采样田块确定：首先向当地农民了解本村的农业生产情况，确定最佳的采样行走路径，并用GPS定位仪进行定位。

调查、取样：向已确定采样田块的户主，按调查表格的内容逐项进行调查填写。在该田块中按0~20cm土层采样；采用"X形"法、"S形"法、棋盘法中任何一种方法，均匀随机采取15个采样点，充分混合后，四分法留取1kg，写好标签，填好内外标签，系好袋，送回室内及时晾晒，待化验。

具体采样方法。

（1）采土工具。平板锹、布袋、标签等。

（2）采样单元。每45hm²连片耕地采集1个土样。

（3）采样点的数量：一般每个土壤样品的采样点确定为9~20个，如果地块地势平坦，可采用X形采样法。

（4）采样深度。采样深度一般为0~40cm。

（5）采样路线。采样时应沿着一定的路线，按照"随机""等量""多点混合"的原则进行采样，一般采用 S 形布点采样，也可采用 X 形布点采样，要避开路边、田埂、沟边、肥堆等特殊位置，详见图 2-5 所示。

（6）采样方法。每个采样点的取土深度及采样量应均匀一致，土样上层与下层的比例要相同。取样器应垂直于地面入土，深度相同。用取土铲取样应先铲出一个断面，再平行于断面下铲取土，详见图 2-6。

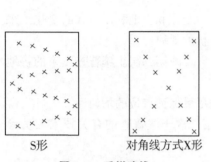

图 2-5　采样路线

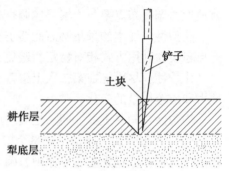

图 2-6　采样方法

（7）混合土样制作。一个混合土样以取土 1kg 左右为宜，如果一个混合样品的数量太大，可用四分法（图 2-7）将多余的土壤弃去。方法是将采集的土壤样品放在盘子里或塑料布上，弄碎、混匀，铺成四方形，画对角线将土样分成 4 份，把对角的 2 份分别合并成 1 份，保留 1 份，弃去 1 份。如果所得的样品依然很多，可再用四分法处理，直至剩余所需数量为止。

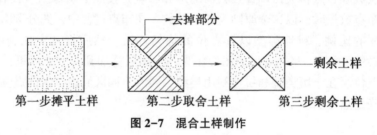

图 2-7　混合土样制作

（8）填好标签。姓名、地点、地块，经、纬度。统一编号：＊＊＊＊＊＊（邮编）G20090420（时间）+乡镇名称自定大写字母+3 位编号。采集的样品放入统一的样品袋，必须用 2B 铅笔写好标签（用钢笔易被土样污染看不清），标签一式 2 份，袋内外各 1 份。

二、调查内容与步骤

（一）调查内容

按照《全国耕地地力评价技术规程》的要求，准确划分地力等级，客观评价耕地地力的质量状况，就需要对耕地地力的土壤属性、自然背景条件、耕作管理水平等要素进行全面细致的调查。

（1）耕地地力调查的内容包括立地条件、剖面性状、土壤养分（准则层）。

具体确定为：立地条件：坡度、坡向、地形部位、地貌类型；剖面性状：pH 值、质地、障碍层类型；土壤养分：有效磷、速效钾、有效锌等 11 项评价指标（指标层）。

（2）生产管理调查的主要内容。有种植制度、作物种类及产量、化肥使用情况、有机肥施用情况、灌溉方式等。

（3）土壤养分调查。主要调查的测定值有：有机质、全氮、全磷、全钾、碱解氮、有效磷、速效钾、pH 值及微量元素等 12 项常规项目的调查。

（二）调查步骤

调查工作步骤，见图 2-8。

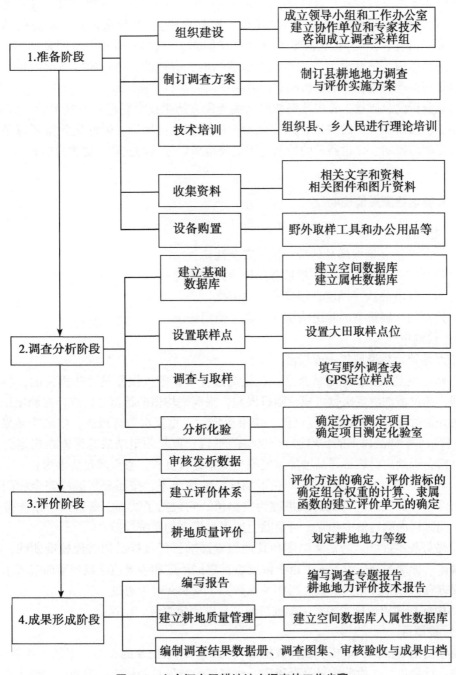

图 2-8　七台河市区耕地地力调查的工作步骤

第二节 样品分析化验质量控制

实验室的检测分析数据质量直接客观地反映出化验人员素质水平、分析方法的科学性、实验室质量体系的有效性和符合性及实验室管理水平。在检测过程中由于受：①被检测样品（均匀性、代表性）；②测量方法（检测条件、检测程序）；③测量仪器（本身的分辨率）；④测量环境（湿度、温度）；⑤测量人员（分辨能力、习惯）；⑥检测等因素的影响，总存在一定的测量原因，估计误差的大小，采取适当的、有效的、可行的措施加以控制的基础上，科学处理试验数据，才能获得满意的效果。

为保证分析化验质量，首先严格按照《测土配方施肥技术规范》所规定的化验室面积、布局、环境、仪器和人员的要求，加强化验室建设和人员培训。做好化验室环境条件的控制、人力资源的控制、计量器具的控制。按照规范做好标准物质和参比物质的购买、制备和保存。

一、实验室检测质量控制

（一）检测前

（1）样品确认（确保样品的唯一性、安全性）。

（2）检测方法确认（当同一项目有几种检测方法时）。

（3）检测环境确认（温度、湿度及其他干扰）。

（4）检测用仪器设备的状况确认（标志、使用记录）。

（二）检测中

（1）严格执行标准或规程或规范。

（2）坚持重复试验，控制精密度。在检测过程中，随机误差是无法避免的，但根据统计学原理，通过增加测定次数可减少随机误差，提高平均值的精密度。在样品测定中，每个项目首次分析时需做100%的重复试验，结果稳定后，重复次数可减少，但最少须做10%～15%重复样。5个样品以下的，增加为100%的平行。重复测定结果的误差在规定允许范围内者为合格，否则应对该批样品增加重复测定比率进行复查，直至满足要求为止。

（3）注意空白试验。空白试验即在不加试样的情况下，按照分析试样完全相同的操作步骤和条件进行的试验。得到的结果称为空白值。它包括了试剂、蒸馏水中杂质带来的干扰。从待测试样的测定值中扣除，可消除上述因素带来的系统误差。

（4）做好校准曲线。为消除温度和其他因素影响，每批样品均需做校准曲线，与样品同条件操作。标准系列应设置6个以上浓度点，根据浓度和吸光值绘制校准曲线或求出一元线性回归方程。计算其相关系数。当相关系数大于0.999时为通过。

（5）用标准物质校核实验室的标准溶液、标准滴定溶液。

（三）检测后

加强原始记录校核、审核、确保数据准确无误。原始记录的校核、审核，主要是核查：检验方法、计量单位、检验结果是否正确、重复试验结果是否超差、控制样的测定值是否准确、空白试验是否正常、校准曲线是否达到要求、检测条件是否满足、记录是否齐全、记录更改是否符合程序等。发现问题及时研究、解决或召开质量分析会议，达成共识。同时，进行异常值处理和复查。

二、地力评价土壤化验项目

土壤样品分析项目：pH 值、全氮、碱解氮、全磷、有效磷、全钾、速效钾、有效铁、有效锌、有效锰、有效铜。分析方法，见表 2-43。

表 2-43　土壤样本化验项目及方法

分析项目	分析方法	标准代号
pH 值	酸度计法	NY/T 1377
有机质	浓硫酸-重铬酸钾法	NY/T 1121.6
碱解氮	碱解扩散法	LY/T 29—1999
有效磷	碳酸氢钠-钼锑抗比色法	NY/T 148
速效钾	乙酸铵-火焰光度法	NY/T 889—2004
全氮	消解凯氏蒸馏法	NY/T 53—1987
全磷	氢氧化钠-钼锑抗比色法	GB 9837—88
全钾	氢氧化钠-火焰光度法	GB 9836—88
有效铜、锌、铁、锰	DTPA 提取原子吸收光谱法	NY/T 890—2004
水溶态硼	沸水浸提-甲亚胺吸光光度法	GB/T 14540.2—1993
容重	环刀法	

第三节　数据质量控制

一、田间调查取样数据质量控制

按照《测土配方施肥技术规程》的要求，填写调查表格。抽取 10% 的调查采样点进行审核。对调查内容或程序不符合规程要求，抽查合格率低于 80% 的，重新调查取样。

二、数据审核

数据录入前仔细审核，对不同类型的数据审核重点各有侧重。

（1）数值型资料。注意量纲、上下限、小数点位数、数据长度等。

（2）地名。注意汉字多音字、繁简体、简全称等问题。

（3）土壤类型、地形地貌、成土母质等。注意相关名称的规范性，避免同一土壤类型、地形地貌或成土母质出现不同的表达。

（4）土壤和植株检测数据。注意对可疑数据的筛选和剔除。根据当地耕地养分状况、种植类型和施肥情况，确定检测数据与录入的调查信息是否吻合。结合对 10% 的数据重点审查的原则，确定审查检测数据大值和小值的界限，对于超出界限的数据进行重点审核，经审核可信的数据保留，对检测数据明显偏高或偏低、不符合实际情况的数据，一是剔除；二是返回检验室重新测定。若检验分析后，检测结果仍不符合实际的。可能是该点在采样等环节出现问题，应予以作废。

三、数据录入

采用规范的数据格式，按照统一的录入软件录入。我们采取二次录入进行数据核对。

第四节　资料的收集与整理

耕地是自然历史综合体，同时，也是重要的农业生产资料。因此，耕地地力与自然环境条件和人类生产活动有着密切的关系。进行耕地地力评价，首先必须调查研究耕地的一些可度量或可测定的属性。这些属性概括起来有两大类型，即自然属性和社会属性。自然属性包括气候、地形地貌、水文地质、植被等自然成土因素和土壤剖面形态等；社会属性包括地理交通条件、农业经济条件、农业生产技术条件等。这些属性数据的获得，可通过多种方式来完成。一种是野外实际调查及测定；另一种是收集和分析相关学科已有的调查成果和文献资料。

一、资料收集与整理流程

此次地力评价工作，一方面充分收集有关七台河市区耕地情况资料，建立起耕地质量管理数据库；另一方面还进行了外业的补充调查和室内化验分析。在此基础上，通过 GIS 系统平台，采用 ArcView 软件对调查的数据和图件进行矢量化处理（此部分工作由万图信息技术开发有限公司完成），最后利用扬州土肥站开发的《县域耕地资源管理信息系统 V3.2》进行耕地地力评价。主要的工作流程见"耕地地力评价技术流程图"。

二、资料收集与整理方法

（1）收集。在调研的基础上广泛收集相关资料。同一类资料不同时间、不同来源、不同版本、不同介质都进行收集，以便将来相互检查、相互补充、相互佐证。

（2）登记。对收集到的资料进行登记，记载资料名称、内容、来源、页（幅）数、收集时间、密级、是否要求归还、保管人等；对图件资料进行记载比例尺、坐标系、高程系等有关技术参数；对数据产品还应记载介质类型、数据格式、打开工具等。

（3）完整性检查。资料的完整性至关重要，一套图中如果缺少一幅，整套图便无法使用；一套统计数据如果不完全，这些数据也只能作为辅助数据，无法实现与现有数据的完整性比较。

（4）可靠性检查。资料只有翔实可靠，才有使用价值，否则，只能是一堆文字垃圾。必须检查资料或数据产生的时间、数据产生的背景等信息。来源不清的资料或数据不能使用。

（5）筛选。通过以上几个步骤的检查可基本确定哪些是有用的资料，在这些资料里还可能存在重复、冗余或过于陈旧的资料，应做进一步的筛选。有用的留下，没有用的作适当的处理，该退回的退回，该销毁的销毁。

（6）分类。按图件、报表、文档、图片、视频等资料类型或资料涉及内容进行分类。

（7）编码。为便于管理和使用，所有资料进行统一编码成册。

（8）整理。对已经编码的资料，按照耕地地力评价的内容，如评价因素、成果资料要求的内容进行针对性的、进一步的整理，珍贵资料采取适当的保护措施。

（9）归档。对已整理的所有资料建立了管理和查阅使用制度，防止资料散失。

三、图件资料的收集

在收集的图件资料包括：行政区划图、土地利用现状图、土壤图、第二次土壤普查成果图等专业图、卫星照片以及数字化矢量和栅格图（图2-9）。

（1）土壤图（1∶100 000）。在进行调查和采样点位确定时，通过土壤图了解土壤类型等信息。另外，土壤图也是进行耕地地力评价单元确定的重要图件，也是各类评价成果展示的基础底图。

（2）土壤养分图（1∶55 000）。土壤养分图包括第二次土壤普查获得的土壤养分图及测土配方施肥新绘制的土壤养分图。

（3）土地利用现状图（1∶25 000）。近几年来，土地管理部门开展了土地利用现状调查工作，并绘制了土地利用现状图，这些图件可为耕地地力评价及其成果报告的分析与编写提供基础资料。

（4）行政区划图（1∶50 000）。由于近年来撤乡并镇工作的开展，致使部分地区行政区域变化较大，因此，我们收集了最新行政区划图（含行政村）。

四、数据及文本资料的收集

1. 数据资料的收集

数据资料的收集内容：包括农村及农业生产基本情况资料、土地利用现状资料、土壤肥力监测资料等，具体包括以下内容。

①近3年粮食单产、总产、种植面积统计资料；

②近3年肥料用量统计表及测土配方施肥获得的农户施肥情况调查表；

③土地利用地块登记表；

④土壤普查农化数据资料；

⑤历年土壤肥力监测化验资料；

⑥测土配方施肥农户调查表；

⑦测土配方施肥土壤样品化验结果表：包括土壤、大量元素、中量元素、微量元素及pH值、等土壤理化性状化验资料；

⑧测土配方施肥田间试验、技术示范相关资料；

⑨场、乡、村编码表。

2. 文本资料的收集

具体包括以下几种。

①农村及农业基本情况资料；

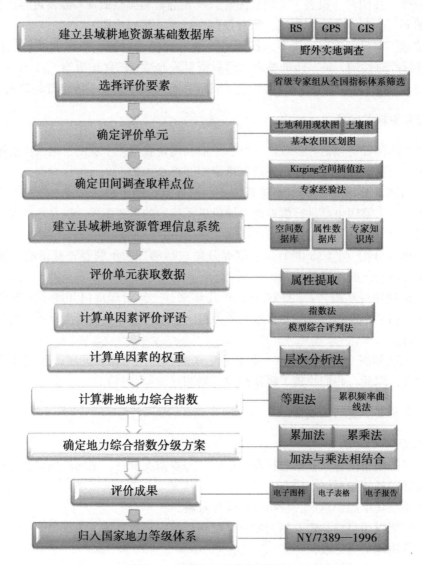

图 2-9　耕地地力评价技术流程

②农业气象资料；

③第二次土壤普查的土壤志；

④土地利用现状调查报告及农业区划报告；

⑤近 3 年农业生产统计文本资料；

⑥土壤肥力监测及田间试验示范资料；

⑦其他文本资料。如水土保持、土壤改良、生态环境建设等资料。

第五节　耕地资源管理信息系统的建立

一、属性数据库的建立

属性数据库的建立实际上包括两大部分内容。一是相关历史数据的标准化和数据库的建立；二是测土配方施肥项目产生的大量属性数据的录入和数据库的建立。

(一) 历史数据的标准化及数据库的建立

1. 数据内容

历史属性数据主要包括县域内主要河流、湖泊基本情况统计表、灌溉渠道及农田水利综合分区统计表、公路网基本情况统计表、场、乡、村行政编码及农业基本情况统计表、土地利用现状分类统计表、土壤分类系统表、各土种典型剖面理化性状统计表、土壤农化数据表、基本农田保护登记表、基本农田保护区基本情况统计表（村）、地貌类型属性表、土壤肥力监测点基本情况统计表等。

2. 数据分类与编码

数据的分类编码是对数据资料进行有效管理的重要依据。编码的主要目的是节省计算机内契空间，便于用户理解使用。地理属性进入数据库之前进行编码是必要的，只有进行了正确的编码，才能使空间数据库与属性数据正确连接。

编码格式有英文字母、字母数字组合等形式。我们主要采用数字表示的层次型分类编码体系，它能反映专题要素分类体系的基本特征。

3. 建立编码字典

数据字典是数据应用的重要内容，是描述数据库中各类数据及其组合的数据集合，也称元数据。地理数据库的数据字典主要用于描述属性数据，它本身是一个特殊用途的文件，在数据库整个生命周期里都起着重要的作用。它避免重复数据项的出现，并提供了查询数据的唯一入口。

(二) 测土配方施肥项目产生的大量属性数据的录入和数据库的建立

测土配方施肥属性数据主要包括 3 个方面的内容，一是田间试验和示范数据；二是调查数据；三是土壤检测数据。

测土配方施肥属性数据库建立必须规范，我们按照数字字典进行认真填写，规范了数据项的名称、数据类型、量钢、数据长度、小数点、取值范围（极大值、极小值）等属性。

(三) 数据录入与审核

数据录入前仔细审核，数值型资料注意量纲、上下限；地名注意汉字、多音字、繁简体、简全称等问题，审核定稿后在录入。录入后还应仔细检查，经过二次录入相互对照方法，保证数据录入无误后，将数据库转为规定的格式（DBASE 的 DBF 格式文件），再根据数据字典中的文件名编码命名后保存在子目录下。

另外，文本资料以 TXT 格式命名，声音、音乐以 WAV 或 MID 文件保存，超文本以 HTML 格式保存，图片以 BMP 或 JPG 格式保存，视频以 AVI 或 MPG 格式保存，动画以 GIF 格式保存。这些文件分别保存在相应的子目录下，其相对路径和文件名录入相应的属性数据库中。

二、空间数据建立

将图纸扫描后，校准地理坐标，然后采用鼠标数字化的方法将图纸矢量化，建立空间数据库。图件扫描的分辨率为300dpi，彩色图用24位真彩，单色图用黑白格式。数字化图件包括：土地利用现状图、土壤图、地形图、行政区划图等。

图件数字化的软件采用SuperMapGIS，坐标系为北京1954大地坐标系，高斯投影。比例尺为1∶50 000和1∶100 000。评价单元图件的叠加、调查点位图的生成、评价单元克里格插值是使用软件平台为ArcMap软件，文件保存格式为shp格式（表2-44）。

表2-44　矢量化方法主要图层配置

序号	图层名称	图层属性	连接属性
1	土地利用现状图	多边形	土地利用现状属性数据
2	行政区划图	线层	行政区化
3	土壤图	多边形	土种属性数据表
4	土壤采样点位图	点层	土壤样品分析化验结果数据表

三、空间数据库与属性数据库的连接

Arcinfo系统采用不同的数据模型分别对属性数据和空间数据进行存储管理，属性数据采用关系模型，空间数据采用网状模型。2种数据的连接非常重要。在一个图幅工作单元Coverage中，每个图形单元由一个标识码来唯一确定。同时，一个Coverage中可以有若干个关系数据库文件即要素属性表，用以完成对Coverage的地理要素的属性描述。图形单元标识码是要素属性表中的一个关键字段，空间数据与属性数据以此字段形成关联，完成对地图的模拟。这种关联使Arcinfo的两种数据模型连成一体，可以方便地从空间数据检索属性数据或者从属性数据检索空间数据。

对属性数据与空间数据的连接有四种不同的途径。

一是用数字化仪数字化多边形标志点，记录标识码与要素属性，建立多边形编码表，用关系数据库软件FOXPRO输入多边形属性。二是用屏幕鼠标采取屏幕地图对照的方式实现上述步骤。三是利用Arcinfo的编辑模块对同种要素一次添加标志点再同时输入属性编码。四是自动生成标志点，对照地图输入属性。

第六节　图件编制

一、耕地地力评价单元图斑的生成

耕地地力评价单元图斑是在矢量化土壤图、土地利用现状图的基础上，在ArcMap中利用矢量图的叠加分析功能，将以上2个图件叠加，生成评价单元图斑。

二、采样点位图的生成

采样点位的坐标用 GPS 进行野外采集，在 ArcInfo 中将采集的点位坐标转换成与矢量图一致的北京 1954 坐标系。将转换后的点位图转换成可以与 ArcView 进行交换的 shp 格式。

三、专题图的编制

采样点位图在 ArcMap 中利用地理统计分析子模块中的克立格插值法进行空间插值完成各种养分的空间分布图。其中，包括有效磷，速效钾，有效锌、全氮、pH 值等专题图。坡度、坡向图由地形图的等高线转换成 Arc 文件，再插值生成栅格文件，土壤图、土地利用图和区划图都是矢量化以后生成专题图。

四、耕地地力等级图的编制

首先，利用 ArcMap 的空间分析子模块的区域统计方法，将生成的专题图件与评价单元图挂接。在耕地资源管理信息系统中根据专家打分、层次分析模型与隶属函数模型进行耕地生产潜力评价，生成耕地地力等级图。

第四章 耕地土壤属性

土壤属性是耕地地力调查的核心,对农业生产、管理和规划起着指导作用,它包括土壤化学性状、物理性状、土壤微生物作用等。

此次调查共采集土壤耕层(0~40cm)有效土样 321 个,分析了 pH 值、土壤有机质、全氮、全磷、全钾、碱解氮、有效磷、速效钾、有效铁、有效锰、有效锌、有效铜等土壤理化属性项目 12 项,分析数据 2 768 个。现就以上数据整理分析如下。

第一节 土壤养分状况

土壤养分(soilnutrient)主要指由(通过)土壤所提供的植物生长所必需的营养元素,是土壤肥力的重要物质基础,植物体内已知的化学元素达 40 余种,按照植物体内的化学元素含量多少,分为大量元素(macroelement)和微量元素(microelement)两类。目前,已知的大量元素有碳(C)、氢(H)、氧(O)、氮(N)、磷(P)、钾(K)、钙(Ca)、镁(Mg)、硫(S)等,微量元素有铁(Fe)、锰(Mn)、硼(B)、钼(Mo)、铜(Cu)、锌(Zn)及氯(Cl)等。植物体内铁(Fe)含量较其他微量元素多(100mg/kg),所以,也有人把它归于大量元素。

根据土壤养分丰缺情况评价耕地土壤养分,我国各地也有不同的标准,参照黑龙江省耕地土壤养分分级标准,结合当地实际情况制定了此次耕地地力评价的养分分级标准。

一、土壤

土壤是植物养分的主要来源。可改善土壤的物理和化学性质,给微生物提供主要能源,给植物提供一些维生素、刺激素等。

(一)各乡镇土壤变化情况

这次地力评价土壤化验分析发现市区有机质含量最高值是 89.8g/kg,最小值是 14.8g/kg,平均值是 45.3g/kg,比第二次土壤普查时的全市平均含量 57.9g/kg 降低了 12.8g/kg(表 2-45 至表 2-47)。

表 2-45 黑龙江省耕地土壤养分分级标准

	一级	二级	三级	四级	五级	六级
碱解氮(mg/kg)	>250	180~250	150~180	150~120	80~120	≤80
有效磷(mg/kg)	>100	40~100	20~40	10~20	5~10	≤5

（续表）

	一级	二级	三级	四级	五级	六级
速效钾（mg/kg）	>200	150~120	100~150	50~100	30~50	≤30
有机质（g/kg）	>60	40~60	30~40	20~30	10~20	≤10
全氮（g/kg）	>2.5	2~2.5	1.5~2	1~1.5	≤1	—
全磷（g/kg）	>2	1.5~2	1~1.5	0.5~1	≤0.5	—
全钾（g/kg）	>30	25~30	20~25	10~20	≤10	—
有效铜（mg/kg）	>1.8	1~1.8	0.2~1	0.1~0.2	≤0.1	—
有效铁（mg/kg）	>4.5	3~4.5	2~3	≤2	—	—
有效锰（mg/kg）	>15	10~15	7.5~10	5~7.5	≤5	—
有效锌（mg/kg）	>2	1.5~2	1~1.5	0.5~1	≤0.5	—
有效硫（mg/kg）	>40	24~40	12~24	≤12	—	—
有效硼（mg/kg）	>1.2	0.8~1.2	0.4~0.8	≤0.4	—	—

表 2-46　七台河市区耕地土壤养分分级标准

	一级	二级	三级	四级	五级	六级
碱解氮（mg/kg）	>250	180~250	150~180	120~150	80~120	≤80
有效磷（mg/kg）	>60	40~60	20~40	10~20	5~10	≤5
速效钾（mg/kg）	>200	150~200	100~150	50~100	—	—
有机质（g/kg）	>60	40~60	30~40	20~30	10~20	—
全氮（g/kg）	>2.5	2.0~2.5	1.5~2.0	1.0~1.5	≤1.0	—
全磷（g/kg）	—	1.5~2	1~1.5	0.5~1	≤0.5	—
全钾（g/kg）	—	25~30	20~25	15~20	10~15	≤10
有效铜（mg/kg）	>1.8	1.0~1.8	0.2~1.0	0.1~0.2	—	—
有效铁（mg/kg）	>4.5	3.0~4.5	2.0~3.0	≤2.0	—	—
有效锰（mg/kg）	>15	10~15	7.5~10	—	—	—
有效锌（mg/kg）	>2	1.5~2	1.0~1.5	0.5~1.0	≤0.5	—

表 2-47　土壤有机质含量统计　　　　　　　　　　（单位：g/kg）

乡　镇	最大值	最小值	平均值
市区	89.8	14.8	45.3
种畜场	89.8	14.8	43.3
红旗镇	80.8	23.3	42.1
万宝河镇	68.5	42.7	49.8

（二）市区土壤类型有机质变化情况

此次地力评价土壤化验分析结果表明，市区各土壤类型有机质含量白浆土、草甸土呈现降低趋势，其中，白浆土下降 6.2g/kg，草甸土下降 26.9g/kg，暗棕壤、黑土呈上升趋势，其中暗棕壤上升 0.7g/kg，黑土上升 5.5g/kg。沼泽土、水稻土无第二次土壤普查数据，故不做比较。

（三）土壤有机质分级面积情况

此次地力评价调查分析，按照黑龙江省耕地养分分级标准（七台河市的标准与此相同），有机质养分 1 级耕地面积 1 582.7hm²，占总耕地面积的 11.5%；有机质养分 2 级耕地面积 4 440.6hm²，占总耕地面积的 32.1%；有机质养分 3 级耕地面积 6 132.6hm²，占总耕地面积 44.4%；有机质养分 4 级耕地面积 1 583.8hm²，占总耕地面积 11.5%；有机质养分 5 级耕地面积 79.1hm²，占总耕地面积 0.6%；有机质养分 1 级耕地面积所占比例最多的乡镇是种畜场，占总耕地面积 12.4%。

（四）市区耕地土类有机质分级面积情况

按照有机质养分分级标准，各土类情况如下（图 2-10）。

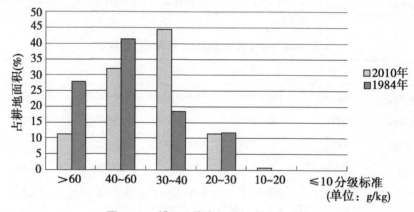

图 2-10　耕层土壤有机质频率分布比较

暗棕壤类：有机质养分 1 级耕地面积 440.7hm²，占该土类耕地面积的 16.2%；有机质养分 2 级耕地面积 1 173.7hm²，占该土类耕地面积的 43.2%；有机质养分 3 级耕地面积 904.2hm²，占该土类耕地面积的 33.3%；有机质养分 4 级耕地面积 167.7hm²，占该土类耕地面积的 6.2%；有机质养分 5 级耕地面积 29.6hm²，占该土类耕地面积的 1.1%。

白浆土类：有机质养分 2 级耕地面积 404.3hm²，占该土类耕地面积的 54.1%；有机质养分 3 级耕地面积 312.2hm²，占该土类耕地面积的 41.8%；有机质养分 4 级耕地面积 30.6hm²，占该土类耕地面积的 4.1%。

黑土类：有机质养分 1 级耕地面积 579.9hm²，占该土类耕地面积的 8.9%；有机质养分 2 级耕地面积 1 613.9hm²，占该土类耕地面积的 24.7%；有机质养分 3 级耕地面积 3 119hm²，占该土类耕地面积的 47.7%；有机质养分 4 级耕地面积 1 177hm²，占该土类耕地面积的 18%；有机质养分 5 级耕地面积 49.1hm²，占该土类耕地面积的 0.8%；没有养分 6 级耕地。

草甸土类：有机质养分 1 级耕地面积 522.5hm²，占该土类耕地面积的 14.6%；有机质养分 2 级耕地面积 1 191.8hm²，占该土类耕地面积的 33.3%；有机质养分 3 级耕地面积 1 662hm²，占该土类耕地面积的 46.5%；有机质养分 4 级耕地面积 198.4hm²，占该土类耕地面积的 5.6%。

沼泽土类：有机质养分 1 级耕地面积 13.0hm²，占该土类耕地面积的 6%；有机质养分 2 级耕地面积 56.9hm²，占该土类耕地面积的 26.4%；有机质养分 3 级耕地面积 135.7hm²，占该土类耕地面积的 62.9%；有机质养分 4 级耕地面积 9.7hm²，占该土类耕地面积的 4.5%；有机质养分 5 级耕地面积 0.4hm²，占该土类耕地面积的 0.2%；没有养分 6 级耕地。

水稻土类：有机质养分 1 级耕地面积 26.6hm²，占该土类耕地面积的 100%（表 2-48 至表 2-50）。

表 2-48　耕地土壤有机质含量统计　　　　　　　　　　　　　　（单位：g/kg）

土壤类型	最大值	最小值	平均值	第二次土壤普查		
				最大值	最小值	平均值
合　　计	89.8	14.8	45.3	260.7	15.3	57.9
一、暗棕壤类	77.5	14.8	52.1	159.6	27	51.4
（1）砾石底暗棕壤	77.5	14.8	47	159.6	27	52.4
（2）白浆化暗棕壤	68.7	23.8	41	59.2	36	48.3
（3）原始暗棕壤	68.5	67.9	68.3	—	—	—
二、白浆土类	55.9	24.6	40.9	85.9	27.1	47.1
（1）厚层岗地白浆土	55.9	24.6	40.2	85.9	27.1	43
（2）中层岗地白浆土	54.7	28.7	42.4	80.4	12.3	49.5
三、黑土类	80.8	16.8	44.6	54.9	27	39.1
（1）厚层砾石底黑土	67.4	63.3	65.3	—	—	—
（2）薄层黏底黑土	78.1	16.8	41.9	—	—	—
（3）薄层砾石底白浆化黑土	39.3	26.7	30.9	—	—	—
（4）薄层黏底白浆化黑土	80.8	20.9	36.8	—	—	—
（5）中层黏底白浆化黑土	59.7	21.2	36.3	—	—	—
（6）厚层黏底草甸黑土	55.8	42.7	51.5	—	—	—
（7）中层黏底草甸黑土	77.1	23.3	48.4	38.6	35.6	37.1
（8）薄层黏底草甸黑土	54	29.1	46	54.9	27	40.4
四、草甸土类	89.8	22.5	47.6	260.7	12.3	74.5
（1）厚层沟谷草甸土	61.4	25.4	40.7	92.7	44.8	46.8
（2）中层沟谷草甸土	77.2	25.8	40.9	—	—	—
（3）薄层沟谷草甸土	48.8	48.8	48.8	—	—	—
（4）厚层平地草甸土	54.6	33.1	44.6	—	—	—
（5）中层平地草甸土	76.5	39.7	57.6	65.7	28.8	50.2
（6）薄层平地草甸土	60.5	28.5	42.9	63.8	29	44

（续表）

土壤类型	最大值	最小值	平均值	第二次土壤普查		
				最大值	最小值	平均值
（7）薄层平地白浆化草甸土	80.8	26.8	50.1	96.2	28.4	63.4
（8）厚层沟谷白浆化草甸土	83.8	42.4	57.1	—	—	—
（9）厚层沟谷沼泽化草甸土	89.8	22.5	45.9	—	—	109.2
五、沼泽土类	83.8	14.8	50.7	—	—	—
（1）中层沟谷泥炭沼泽土	59.6	14.8	37.9	—	—	—
（2）中层沟谷泥炭腐殖质沼泽土	83.8	59.6	63.5	—	—	—
六、水稻土类	71.5	61.1	66.3	—	—	—
厚层平地草甸土型水稻土	71.5	61.1	66.3	—	—	—

表 2-49　各乡镇耕地土壤有机质分级面积统计　（单位：hm²）

乡镇	面积	等级1 面积	等级1 占总面积（%）	等级2 面积	等级2 占总面积（%）	等级3 面积	等级3 占总面积（%）	等级4 面积	等级4 占总面积（%）	等级5 面积	等级5 占总面积（%）	等级6 面积	等级6 占总面积（%）
合　计	13 818.9	1 582.9	11.5	4 420.5	32.0	6 153.2	44.5	1 583.7	11.4	78.7	0.5	—	—
种畜场	11 465.7	1 431.9	12.4	3 267.7	28.4	5 368.3	46.8	1 319.2	11.5	78.7	0.6	—	—
红旗镇	1 934.9	124.2	6.5	761.3	39.3	784.9	40.5	264.5	13.6	—	—	—	—
万宝河镇	418.3	26.8	6.4	391.5	93.6	—	—	—	—	—	—	—	—

表 2-50　耕地土壤有机质分级面积统计　（单位：hm²）

土　种	面积	等级1 面积	等级1 占总面积（%）	等级2 面积	等级2 占总面积（%）	等级3 面积	等级3 占总面积（%）	等级4 面积	等级4 占总面积（%）	等级5 面积	等级5 占总面积（%）
合　计	13 818.8	1 582.7	11.5	4 440.6	32.1	6 132.6	44.4	1 583.8	11.5	79.1	0.6
一、暗棕壤类	2 715.9	440.7	16.2	1 173.7	43.2	904.2	33.3	167.7	6.2	29.6	1.1
（1）砾石底暗棕壤	2 612.7	435.5	16.7	1 125.4	43.1	904.2	34.6	118	4.5	29.6	1.1
（2）白浆化暗棕壤	100.5	2.5	2.5	48.3	48.1	—	—	49.7	49.5	—	—
（3）原始暗棕壤	2.7	2.7	100.0	—	—	—	—	—	—	—	—
二、白浆土类	747.1	—	—	404.3	54.1	312.2	41.8	30.6	4.1	—	—
（1）厚层岗地白浆土	412.2	—	—	217.1	52.7	166.7	40.4	28.4	6.9	—	—
（2）中层岗地白浆土	334.9	—	—	187.2	55.9	145.5	43.4	2.2	0.7	—	—
三、黑土类	6 539.3	579.9	8.9	1 613.9	24.7	3 119	47.7	1 177.4	18.0	49.1	0.8
（1）厚层砾石底黑土	14.5	14.5	100.0	—	—	—	—	—	—	—	—

（续表）

土　种	面积	等级1 面积	占总面积（%）	等级2 面积	占总面积（%）	等级3 面积	占总面积（%）	等级4 面积	占总面积（%）	等级5 面积	占总面积（%）
（2）薄层黏底黑土	4 004.6	452.7	11.3	1 110.2	27.7	1 579.6	39.4	813	20.3	49.1	1.2
（3）薄层砾石底白浆化黑土	79.4	—	—	—	—	34.3	43.2	45.1	56.8	—	—
（4）薄层黏底白浆化黑土	1 432.2	40.3	2.8	113.6	7.9	1 123.1	78.4	155.2	10.8	—	—
（5）中层黏底白浆化黑土	398.2	—	—	97.9	24.6	200.4	50.3	99.9	25.1	—	—
（6）厚层黏底草甸黑土	27.6	—	—	27.6	100.0	—	—	—	—	—	—
（7）中层黏底草甸黑土	411.8	72.4	17.6	131.1	31.8	149.5	36.3	58.8	14.3	—	—
（8）薄层黏底草甸黑土	171	—	—	133.5	78.1	32.1	18.8	5.4	3.2	—	—
四、草甸土类	3 574.2	522.5	14.6	1 191.8	33.3	1 661.5	46.5	198.4	5.6	—	—
（1）厚层沟谷草甸土	393.8	13.6	3.5	96.7	24.6	270.1	68.6	13.4	3.4	—	—
（2）中层沟谷草甸土	1 428.5	184.7	12.9	305.4	21.4	873.9	61.2	64.5	4.5	—	—
（3）薄层沟谷草甸土	32.3	—	—	32.3	100.0	—	—	—	—	—	—
（4）厚层平地草甸土	11.8	—	—	5.9	50.0	5.9	50.0	—	—	—	—
（5）中层平地草甸土	244.2	73.1	29.9	170.6	69.9	0.5	0.2	—	—	—	—
（6）薄层平地草甸土	256.9	3.3	1.3	131.8	51.3	91.3	35.5	30.5	11.9	—	—
（7）薄层平地白浆化草甸土	86.5	42.2	48.8	28.4	32.8	12.1	14.0	3.8	4.4	—	—
（8）厚层沟谷白浆化草甸土	26.8	7.7	28.7	19.1	71.3	—	—	—	—	—	—
（9）厚层沟谷沼泽化草甸土	1 093.4	197.9	18.1	401.6	36.7	407.7	37.3	86.2	7.9	—	—
五、沼泽土类	215.7	13	6.0	56.9	26.4	135.7	62.9	9.7	4.5	0.4	0.2
（1）中层沟谷泥炭沼泽土	198.9	—	—	53.1	26.7	135.7	68.2	9.7	4.9	0.4	0.2
（2）中层沟谷泥炭腐殖质沼土	16.8	13	77.4	3.8	22.6	—	—	—	—	—	—
六、水稻土类	26.6	26.6	100.0	—	—	—	—	—	—	—	—
厚层平地草甸土型水稻土	26.6	26.6	100.0	—	—	—	—	—	—	—	—

二、土壤全氮

土壤全氮包括有机氮和无机氮，是土壤肥力一项重要指标。土壤的全氮含量与土壤有机质含量成正相关，含量高，全氮含量也高。

（一）各乡镇土壤全氮情况

这次耕地地力调查土壤化验分析发现，全氮最大值4.865g/kg，最小值是0.206g/kg，平均值2.032g/kg。地力等级与全氮含量不存在正相关性，种畜场2级地耕地的全氮含量2.0g/kg，而4级地的全氮含量2.2g/kg（表2-51）。

表 2-51　土壤全氮含量统计 （单位：g/kg）

乡　镇	最大值	最小值	平均值
市　区	4.865	0.206	2.032
种畜场	4.865	0.206	2.079
红旗镇	3.898	0.391	1.601
万宝河镇	2.257	1.819	1.938

（二）市区土壤类型全氮变化情况

这次地力评价市区土类全氮与二次土壤普查比呈下降趋势，全氮平均值下降 0.7g/kg。其中，暗棕壤土类下降 0.34g/kg、白浆土下降 0.6g/kg、黑土类上升 0.27g/kg、草甸土土类下降 1.53g/kg。

（三）土壤全氮分级面积情况

按照黑龙江省耕地全氮养分分级标准，全氮养分 1 级耕地面积 2 357.4hm²，占总耕地 17.1%；全氮养分 2 级耕地面积 2 947.5hm²，占总耕地 21.3%，全氮养分 3 级耕地面积 4 216.6hm²，占总耕地面积 30.5%；全氮养分 4 级耕地面积 3 652.1hm²，占总耕地面积 26.4%；全氮养分 5 级耕地面积 645.0hm²，占总耕地面积 4.7%（图 2-11）。

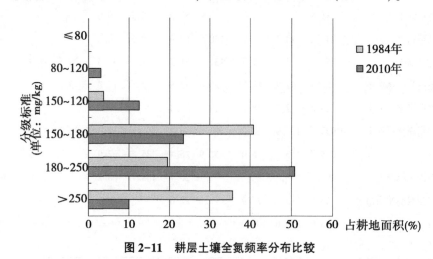

图 2-11　耕层土壤全氮频率分布比较

（四）市区耕地土类全氮分级面积情况

按照黑龙江省耕地全氮分级标准，各种土类分级情况如下。

暗棕壤类：全氮养分 1 级耕地面积 868.1hm²，占该土类耕地面积的 32%；全氮养分 2 级耕地面积 548.9hm²，占该土类耕地面积的 20.2%；全氮养分 3 级耕地面积 605.5hm²，占该土类耕地面积的 22.3%；全氮养分 4 级耕地面积 598.1hm²，占该土类耕地面积的 22.0%；全氮养分 5 级耕地面积 95.3hm²，占该土类耕地面积的 3.5%。

白浆土类：全氮养分 1 级耕地面积 4.5hm²，占该土类耕地面积的 0.6 %；全氮养分 2 级耕地面积 40.3hm²，占该土类耕地面积的 5.4%；全氮养分 3 级耕地面积 317.1hm²，占该土类耕地面积的 42.4%；全氮养分 4 级耕地面积 322.5hm²，占该土类耕地面积的 43.2%；

全氮养分 5 级耕地面积 62.7hm²，占该土类耕地面积的 8.4%。

黑土类：全氮养分 1 级耕地面积 664.5hm²，占该土类耕地面积的 10.2%；全氮养分 2 级耕地面积 1 319.6hm²，占该土类耕地面积的 20.2%；全氮养分 3 级耕地面积 1 844.9hm²，占该土类耕地面积的 28.2%；全氮养分 4 级耕地面积 2 320.1hm²，占该土类耕地面积的 35.5%；全氮养分 5 级耕地面积 25.1hm²，占该土类耕地面积的 0.8%。

草甸土类：全氮养分 1 级耕地面积 737.9hm²，占该土类耕地面积的 20.6%；全氮养分 2 级耕地面积 938.8hm²，占该土类耕地面积的 26.3%；全氮养分 3 级耕地面积 1 409.7hm²，占该土类耕地面积的 39.4%；全氮养分 4 级耕地面积 390.8hm²，占该土类耕地面积的 10.9%；全氮养分 5 级耕地面积 97.0hm²，占该土类耕地面积的 2.7%。

沼泽土类：全氮养分 1 级耕地面积 55.8hm²，占该土类耕地面积的 25.9%；全氮养分 2 级耕地面积 99.9hm²，占该土类耕地面积的 46.3%；全氮养分 3 级耕地面积 39.4hm²，占该土类耕地面积的 18.3%；全氮养分 4 级耕地面积 20.6hm²，占该土类耕地面积的 9.6%。

水稻土类：全氮养分 1 级耕地面积 26.6hm²，占该土类耕地面积的 100%（表 2-52 至表 2-54）。

表 2-52　耕地土壤全氮含量统计　　　　　　　　　　（单位：g/kg）

土壤类型	最大值	最小值	平均值	第二次土壤普查		
				最大值	最小值	平均值
合　计	4.865	0.206	2.032	10.1	0.7	2.7
一、暗棕壤类	4.865	0.512	2.281	8.1	1.1	2.2
（1）砾石底暗棕壤	4.865	0.512	2.302	8.1	1.2	2.3
（2）白浆化暗棕壤	1.964	1.073	1.563	2.7	1.4	2.1
（3）原始暗棕壤	1.983	1.97	1.974	—	—	—
二、白浆土类	2.504	0.391	1.531	3.8	0.7	2.1
（1）厚层岗地白浆土	2.504	0.391	1.593	3.6	1.3	1.8
（2）中层岗地白浆土	1.916	0.486	1.39	0.7	3.8	2.3
三、黑土类	4.865	0.206	1.877	1.9	1.2	1.63
（1）厚层砾石底黑土	2.08	1.993	2.037	—	—	—
（2）薄层黏底黑土	4.865	0.805	1.831	—	—	—
（3）薄层砾石底白浆化黑土	3.498	0.991	1.735	—	—	—
（4）薄层黏底白浆化黑土	4.082	0.227	1.893	—	—	—
（5）中层黏底白浆化黑土	4.169	0.206	1.833	—	—	—
（6）厚层黏底草甸黑土	1.915	1.819	1.849	—	—	—
（7）中层黏底草甸黑土	4.52	0.828	2.375	1.9	1.7	1.8
（8）薄层黏底草甸黑土	2.383	1.146	1.837	1.7	1.3	1.6
四、草甸土类	4.323	0.426	2.059	4.4	1.2	3.47
（1）厚层沟谷草甸土	2.969	1.28	1.968	4.1	1.9	2.3

（续表）

土壤类型	最大值	最小值	平均值	第二次土壤普查		
				最大值	最小值	平均值
（2）中层沟谷草甸土	4.323	0.881	2.262	—	—	—
（3）薄层沟谷草甸土	1.905	1.905	1.905	—	—	—
（4）厚层平地草甸土	2.005	0.977	1.516	—	—	—
（5）中层平地草甸土	3.155	1.167	2.179	4.4	1.2	2.3
（6）薄层平地草甸土	2.635	0.577	1.78	2.7	1.5	2
（7）薄层平地白浆化草甸土	3.574	1.135	2.022	3.8	1.4	2.9
（8）厚层沟谷白浆化草甸土	3.177	1.304	1.986	—	—	—
（9）厚层沟谷沼泽化草甸土	3.683	0.426	1.856	—	—	0.4
五、沼泽土类	4.438	0.764	2.203			
（1）中层沟谷泥炭沼泽土	3.501	0.764	2.073			
（2）中层沟谷泥炭腐殖质沼泽	4.438	1.87	2.57			
六、水稻土类	3.898	3.14	3.519			
厚层平地草甸土型水稻土	3.898	3.14	3.519	—	—	—

表 2-53　各乡镇耕地土壤全氮分级面积统计　（单位：hm²）

乡镇	面积	等级1		等级2		等级3		等级4		等级5	
		面积	占总面积（%）	面积	占总面积（%）	面积	占总面积（%）	面积	占总面积（%）	面积	占总面积（%）
合　计	13 818.9	2 357.3	17	3 002.9	21.7	4 159.9	30.1	3 653.4	26.4	645.8	4.7
种畜场	13 731.2	2 265.8	16.5	2 459.8	17.9	3 451.9	25.1	2 831.1	20.6	457.6	3.3
红旗镇	1 934.9	91.5	4.7	468	24.1	364.8	18.8	822.3	42.5	188.2	9.7
万宝河镇	418.2	—	—	75.1	17.9	343.2	82.1				

表 2-54　耕地土壤全氮分级面积统计　（单位：hm²）

土　种	面积	等级1		等级2		等级3		等级4		等级5	
		面积	占总面积（%）	面积	占总面积（%）	面积	占总面积（%）	面积	占总面积（%）	面积	占总面积（%）
合　计	13 818.9	2 357.4	17.1	2 947.5	21.3	4 216.62	30.5	3 652.08	26.4	645.0	4.7
一、暗棕壤类	2 715.9	868.1	32.0	548.9	20.2	605.52	22.3	598.08	22.0	95.3	3.5
（1）砾石底暗棕壤	2 592.2	868.1	33.5	548.9	21.2	552	21.3	527.9	20.4	95.3	3.7
（2）白浆化暗棕壤	121	—	—	—	—	50.82	42.0	70.18	58.0	—	—
（3）原始暗棕壤	2.7	—	—	—	—	2.7	100.0	—	—	—	—

（续表）

土 种	面积	等级1 面积	等级1 占总面积（%）	等级2 面积	等级2 占总面积（%）	等级3 面积	等级3 占总面积（%）	等级4 面积	等级4 占总面积（%）	等级5 面积	等级5 占总面积（%）
二、白浆土类	747.1	4.5	0.6	40.3	5.4	317.1	42.4	322.5	43.2	62.7	8.4
（1）厚层岗地白浆土	413.3	4.5	1.1	40.3	9.8	177.2	42.9	174.1	42.1	17.2	4.2
（2）中层岗地白浆土	333.8	—	—	—	—	139.9	41.9	148.4	44.5	45.5	13.6
三、黑土类	6 539.1	664.5	10.2	1319.6	20.2	1 844.9	28.2	2 320.1	35.5	390.0	6.0
（1）厚层砾石底黑土	14.5	—	—	11.5	79.3	3	20.7				
（2）薄层黏底黑土	4 004.3	322.9	8.1	833	20.8	1 219.7	30.5	1 401.9	35.0	226.8	5.7
（3）薄层砾石底白浆化黑土	79.4	31.2	39.3	1.1	1.4	1.3	1.6	33.9	42.7	11.9	15.0
（4）薄层黏底白浆化黑土	1 489.6	198.1	13.3	284.4	19.1	369.3	24.8	592.3	39.8	45.5	3.1
（5）中层黏底白浆化黑土	398.2	23.2	5.8	75.2	18.9	155.9	39.2	92.1	23.1	51.8	13.0
（6）厚层黏底草甸黑土	27.6	—	—	—	—	27.6	100.0				
（7）中层黏底草甸黑土	354.4	89.1	25.1	—	—	48.9	13.8	162.4	45.8	54.0	15.2
（8）薄层黏底草甸黑土	171	—	—	133.5	78.1	32.1	18.8	5.4	3.2	—	—
四、草甸土类	3 574.2	737.9	20.6	938.8	26.3	1 409.7	39.4	390.8	10.9	97.0	2.7
（1）厚层沟谷草甸土	393.9	19.4	4.9	46.3	11.8	312.9	79.4	15.3	3.9	—	—
（2）中层沟谷草甸土	1 428.3	491.8	34.4	329.6	23.1	421.2	29.5	138	9.7	47.7	3.3
（3）薄层沟谷草甸土	32.3	—	—	—	—	32.3	100.0				
（4）厚层平地草甸土	11.9	—	—	0.6	5.0	0.7	5.9	5.9	49.6	4.7	39.5
（5）中层平地草甸土	244.2	36.3	14.9	160.7	65.8	46.7	19.1	0.5	0.2		0.0
（6）薄层平地草甸土	256.4	18.6	7.3	79.9	31.2	79.9	31.2	55.7	21.7	22.3	8.7
（7）薄层平地白浆化草甸土	86.7	29.3	33.8	36.4	42.0	9.2	10.6	11.8	13.6		
（8）厚层沟谷白浆化草甸土	27.1	3.6	13.3	10.5	38.7	5.3	19.6	7.7	28.4		
（9）厚层沟谷沼泽化草甸土	1 093.4	138.9	12.7	274.8	25.1	501.5	45.9	155.9	14.3	22.3	2.0
五、沼泽土类	215.7	55.8	25.9	99.9	46.3	39.4	18.3	20.6	9.6		
（1）中层沟谷泥炭沼泽土	198.5	46.9	23.6	92.4	46.5	38.6	19.4	20.6	10.4	—	—
（2）中层沟谷泥炭腐殖质沼土	17.2	8.9	51.7	7.5	43.6	0.8	4.7		0.0		
六、水稻土类	26.6	26.6	100.0	—	—	—	—	—	—	—	—
厚层平地草甸土型水稻土	26.6	26.6	100.0	—	—	—	—	—	—	—	—

三、土壤碱解氮

土壤碱解氮是反映土壤供氮水平的一种较为稳定的指标，一般认为土壤中碱解氮小于80mg/kg 为供应较低，80～150mg/kg 为供应中等，大于150mg/kg 为供应较高。

（一）各乡镇土壤碱解氮变化情况

这次采样化验分析：市区土壤碱解氮最大值为 321.1mg/kg，最小值为 92.7mg/kg，平均值为 198.3mg/kg（表 2-55）。

表 2-55　土壤碱解氮含量统计 （单位：mg/kg）

乡　　镇	最大值	最小值	平均值
市　　区	321.1	92.7	198.3
种畜场	321.1	92.7	200.3
红旗镇	264.1	107.8	179.4
万宝河镇	226.9	153.5	197.6

（二）土壤类型碱解氮变化情况

这次地力评价土壤碱解氮与二次土壤普查比呈下降趋势，碱解氮平均值下降 25.5mg/kg。其中，暗棕壤土类上升 32mg/kg、白浆土土类下降 21.8mg/kg、黑土土类上升 49mg/kg、草甸土土类下降 94.0mg/kg。

（三）土壤碱解氮分级面积情况

按照黑龙江省土壤碱解氮分级标准，市区碱解氮 1 级耕地面积 1 402.3hm²，占总耕地面积的 10.1%；碱解氮 2 级耕地面积 7 000.1hm²，占总耕地面积的 50.7%；碱解氮 3 级耕地面积 3 236.0hm²，占总耕地面积的 23.4%；碱解氮 4 级耕地面积 1 737.0hm²，占总耕地面积的 12.6%；碱解氮 5 级耕地面积 443.4hm²，占总耕地面积的 3.2%（图 2-12）。

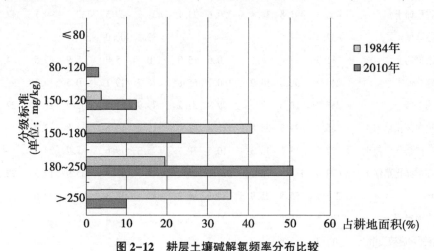

图 2-12　耕层土壤碱解氮频率分布比较

（四）市区耕地土类碱解氮分级面积情况

按照黑龙江省耕地土壤碱解氮分级标准，市区各类土壤碱解氮分级如下。

暗棕壤类：碱解氮养分 1 级耕地面积 740.5hm²，占该土类耕地面积的 27.3%；碱解氮养分 2 级耕地面积 1 356.4hm²，占该土类耕地面积的 49.9%；碱解氮养分 3 级耕地面积 383.7hm²，占该土类耕地面积的 14.1%；碱解氮养分 4 级耕地面积 206.3hm²，占该土类耕地面积的 7.6%；碱解氮养分 5 级耕地面积 29hm²，占该土类耕地面积的 1.1%。

白浆土类：碱解氮养分 2 级耕地面积 340.1hm²，占该土类耕地面积的 45.5%；碱解氮养分 3 级耕地面积 303.5hm²，占该土类耕地面积的 40.6%；碱解氮养分 4 级耕地面积 95.9hm²，占该土类耕地面积的 12.8%；碱解氮养分 5 级耕地面积 7.6hm²，占该土类耕地面积的 1.0%；没有 6 级耕地。

黑土类：碱解氮养分 1 级耕地面积 330.5hm²，占该土类耕地面积的 5.1%；碱解氮养分 2 级耕地面积 2 810.1hm²，占该土类耕地面积的 43.0%；碱解氮养分 3 级耕地面积 1 901.0hm²，占该土类耕地面积的 29.1%；碱解氮养分 4 级耕地面积 1 111.0hm²，占该土类耕地面积的 17%；碱解氮养分 5 级耕地面积 386.8hm²，占该土类耕地面积的 5.9%。

草甸土类：碱解氮养分 1 级耕地面积 294.4hm²，占该土类耕地面积的 8.2%；碱解氮养分 2 级耕地面积 2 299.4hm²，占该土类耕地面积的 64.3%；碱解氮养分 3 级耕地面积 641.6hm²，占该土类耕地面积的 18.0%；碱解氮养分 4 级耕地面积 318.8hm²，占该土类耕地面积的 8.9%；碱解氮养分 5 级耕地面积 20.0hm²，占该土类耕地面积的 0.6%。

沼泽土类：碱解氮养分 1 级耕地面积 27.4hm²，占该土类耕地面积的 12.7%；碱解氮养分 2 级耕地面积 177.0hm²，占该土类耕地面积的 82.1%；碱解氮养分 3 级耕地面积 6.3hm²，占该土类耕地面积的 2.9%；碱解氮养分 4 级耕地面积 5hm²，占该土类耕地面积的 2.3%。

水稻土类：碱解氮养分 1 级耕地面积 9.5hm²，占该土类耕地面积的 35.7%；碱解氮养分 2 级耕地面积 17.1hm²，占该土类耕地面积的 64.3%（表 2-56 至表 2-58）。

表 2-56 耕地土壤碱解氮含量统计 （单位：mg/kg）

土壤类型	最大值	最小值	平均值	第二次土壤普查		
				最大值	最小值	平均值
合　计	321.1	92.7	198.3	453	51	230
一、暗棕壤类	313.4	99.2	192.5	453	109	160.5
（1）砾石底暗棕壤	313.4	99.2	218.5	453	109	175.5
（2）白浆化暗棕壤	212.1	154.9	195.7	249	116	192.2
（3）原始暗棕壤	182.3	156.1	163.3	—	—	—
二、白浆土类	222.5	107.8	172.0	365	51	193.8
（1）厚层岗地白浆土	222.5	107.8	170.6	350	127	183.5
（2）中层岗地白浆土	219.4	140.1	173.4	365	51	200
三、黑土类	321.1	99.2	196.4	169	112	147.4
（1）厚层砾石底黑土	182.3	161.1	174.6	—	—	—
（2）薄层黏底黑土	301.1	99.2	176.9	—	—	—
（3）薄层砾石底白浆化黑土	269.5	182.3	214.3	—	—	—
（4）薄层黏底白浆化黑土	321.1	105.6	192.7	—	—	—
（5）中层黏底白浆化黑土	270.0	149.8	205.5	—	—	—
（6）厚层黏底草甸黑土	203.2	182.3	198.2	169	140	155
（7）中层黏底草甸黑土	306.4	115.9	227.7	160	112	142.3

（续表）

土壤类型	最大值	最小值	平均值	第二次土壤普查		
				最大值	最小值	平均值
（8）薄层黏底草甸黑土	306.4	126.7	181.0	—	—	—
四、草甸土类	321.1	92.7	206.9	726	95	300.9
（1）厚层沟谷草甸土	303.4	129.3	190.2	353	168	231
（2）中层沟谷草甸土	310.5	151.7	214.5	—	—	—
（3）薄层沟谷草甸土	306.4	212.9	244.1	—	—	—
（4）厚层平地草甸土	306.4	156.6	209.9	—	—	—
（5）中层平地草甸土	306.4	120.7	191.0	299	95	204.7
（6）薄层平地草甸土	306.4	149.7	202.3	202	135	150
（7）薄层平地白浆化草甸土	259.6	121.3	189.0	386	120	275.1
（8）厚层沟谷白浆化草甸土	301.1	167.8	222.4	—	—	—
（9）厚层沟谷沼泽化草甸土	321.1	92.7	198.4	—	—	409
五、沼泽土类	316.8	126.2	244.4			
（1）中层沟谷泥炭沼泽土	278.9	126.2	218.8			
（2）中层沟谷泥炭腐殖质沼泽土	316.8	174.6	270.0			
六、水稻土类	259.6	217.8	243.0			
厚层平地草甸土型水稻土	259.6	217.8	243.0	—	—	—

表 2-57　各乡镇耕地土壤碱解氮分级面积统计 （单位：hm²）

乡镇	面积	1级		2级		3级		4级		5级		6级	
		面积	占总面积（%）	面积	占总面积（%）	面积	占总面积（%）	面积	占总面积（%）	面积	占总面积（%）	面积	占总面积（%）
合　计	13 818.9	1 402.3	10.1	7001.3	50.6	3 235.8	23.4	2 154.8	15.6	443.8	3.2	—	—
种畜场	11 466.5	1 336.4	11.6	5 477.8	47.7	2 707.7	23.6	1 517	13.2	427.6	3.7	—	—
红旗镇	1 935	65.9	3.5	1 215.8	62.8	417.6	21.6	219.5	11.3	16.2	0.8	—	—
万宝河镇	836.4	—	—	307.7	36.7	110.5	13.2	418.2	50				

表 2-58　耕地土壤碱解氮分级面积统计 单位：hm²

土　种	面积	等级 1		等级 2		等级 3		等级 4		等级 5	
		面积	占总面积（%）	面积	占总面积（%）	面积	占总面积（%）	面积	占总面积（%）	面积	占总面积（%）
合　计	13 818.9	1402.3	10.1	7 000.1	50.7	3 235.8	23.4	1 737.2	12.6	443.4	3.2
一、暗棕壤类	2 715.9	740.5	27.3	1 356.4	49.9	383.7	14.1	206.3	7.6	29	1.1

（续表）

土　种	面积	等级 1		等级 2		等级 3		等级 4		等级 5	
		面积	占总面积（%）	面积	占总面积（%）	面积	占总面积（%）	面积	占总面积（%）	面积	占总面积（%）
（1）砾石底暗棕壤	2 592.2	740.5	28.6	1 266.9	48.9	349.5	13.5	206.3	8.0	29	1.1
（2）白浆化暗棕壤	121	—	—	89.5	74.0	31.5	26.0	—	—	—	—
（3）原始暗棕壤	2.7	—	—	—	—	2.7	100.0				
二、白浆土类	747.1	—	—	340.1	45.5	303.5	40.6	95.9	12.8	7.6	1.0
（1）厚层岗地白浆土	412.2	—	—	172.4	41.8	165.9	40.2	66.3	16.1	7.6	1.8
（2）中层岗地白浆土	334.9	—	—	167.7	50.1	137.6	41.1	29.6	8.8		
三、黑土类	6 539.3	330.5	—	2 810.1	43.0	1 900.7	29.1	1 111.2	17.0	386.8	5.9
（1）厚层砾石底黑土	14.5	—	—	11.5	79.3	3	20.7				
（2）薄层黏底黑土	4 004.6	108.1	2.7	1 312.1	32.8	1 230.8	30.7	993	24.8	360.6	9.0
（3）薄层砾石底白浆化黑土	96	2.8	2.9	75.6	78.8	—	—	—	—	17.6	18.3
（4）薄层黏底白浆化黑土	1 415.4	113.3	8.0	656.5	46.4	552.8	39.1	92.8	6.6		
（5）中层黏底白浆化黑土	398.4	3.6	0.9	352.3	88.4	41.3	10.4	1.2	0.3		
（6）厚层黏底草甸黑土	27.6	—	—	27.6	100.0	—	—	—	—		
（7）中层黏底草甸黑土	411.8	102.7	24.9	245.4	59.6	37.7	9.2	17.4	4.2	8.6	2.1
（8）薄层黏底草甸黑土	171	—	—	129.1	75.5	35.1	20.5	6.8	4.0		
四、草甸土类	3 574.2	294.4	8.2	2 299.4	64.3	641.6	18.0	318.8	8.9	20	0.6
（1）厚层沟谷草甸土	393.8	—	—	183.3	46.5	188.9	48.0	21.6	5.5		
（2）中层沟谷草甸土	1 428.3	232.9	16.3	1 113.1	77.9	82.3	5.8	—	—		
（3）薄层沟谷草甸土	32.4	—	—	32.4	100.0	—	—				
（4）厚层平地草甸土	11.7	—	—	7.1	60.7	4.6	39.3				
（5）中层平地草甸土	244.6	56.4	23.1	70.7	28.9	22.9	9.4	94.6	38.7		
（6）薄层平地草甸土	256.5	—	—	252.7	98.5	—	—	3.8	1.5		
（7）薄层平地白浆化草甸土	86.6	—	—	44.6	51.5	24.2	27.9	17.8	20.6		
（8）厚层沟谷白浆化草甸土	26.8	3.4	12.7	15.7	58.6	7.7	28.7	—	—		
（9）厚层沟谷沼泽化草甸土	1 093.5	1.7	0.2	579.8	53.0	311	28.4	181	16.6	20	1.8
五、沼泽土类	215.7	27.4	12.7	177	82.1	6.3	2.9	5	2.3		
（1）中层沟谷泥炭沼泽土	198.8	11.3	5.7	177	89.0	5.5	2.8	5	2.5		
（2）中层沟谷泥炭腐殖质沼土	16.9	16.1	95.3	—	—	0.8	4.7				
六、水稻土类	26.6	9.5	35.7	17.1	64.3	—	—	—	—		
厚层平地草甸土型水稻土	26.6	9.5	35.7	17.1	64.3						

四、土壤全磷

(一) 各乡镇土壤全磷变化情况

经采样化验分析：市区土壤全磷最大值为 1.32g/kg，最小值为 0.09g/kg，平均值为 0.61g/kg。以万宝河镇含量为高（表 2-59）。

表 2-59　土壤全磷含量统计

（单位：g/kg）

乡　镇	最大值	最小值	平均值
市　区	1.32	0.09	0.61
种畜场	1.32	0.09	0.61
红旗镇	1.17	0.16	0.53
万宝河镇	1.1	0.52	0.79

(二) 市区土壤类型全磷变化情况

此次调查土壤耕地土壤全磷最大值是 1.32g/kg，最小值是 0.09g/kg，平均值是 0.61g/kg，因无第二次土壤普查数据，故不做比较。

(三) 土壤全磷分级面积情况

此次调查按照黑龙江省土壤养分分级标准，全磷养分分级面积如下。

市区土壤全磷养分 3 级耕地面积 600.9hm²，占总耕地面积的 4.3%；全磷养分 4 级耕地面积 8 765.3hm²，占总耕地面积的 63.4%；5 级地全磷养分 4 452.7hm²，占总耕地面积的 32.2%。

(四) 市区耕地土类全磷分级面积情况

耕地土壤全磷养分标准共有 3 级，没有 1 级、2 级，主要集中在 4 级。

暗棕壤类：全磷养分 3 级耕地面积 262.8hm²，占该土类耕地面积的 9.7%；全磷养分 4 级耕地面积 1 814.6hm²，占该土类耕地面积的 66.8%；全磷养分 5 级耕地面积 638.3m²，占该土类耕地面积的 23.5%。

白浆土类：全磷养分 3 级耕地面积 19.4hm²，占该土类耕地面积的 2.6%；全磷养分 4 级耕地面积 460.6hm²，占该土类耕地面积的 61.7%；全磷养分 5 级耕地面积 267.1m²，占该土类耕地面积的 35.8%。

黑土类：全磷养分 3 级耕地面积 175.7hm²，占该土类耕地面积的 2.7%；全磷养分 4 级耕地面积 3 994.2hm²，占该土类耕地面积的 61.1%；全磷养分 5 级耕地面积 2 369.9m²，占该土类耕地面积的 36.2%。

草甸土类：全磷养分 3 级耕地面积 140.3hm²，占该土类耕地面积的 3.9%；全磷养分 4 级耕地面积 2 395.3hm²，占该土类耕地面积的 67.0%；全磷养分 5 级耕地面积 1 038.6m²，占该土类耕地面积的 29.1%。

沼泽土类：全磷养分 3 级耕地面积 2.7hm²，占该土类耕地面积的 1.3%；全磷养分 4 级耕地面积 100.8hm²，占该土类耕地面积的 46.7%；全磷养分 5 级耕地面积 112.2m²，占该土类耕地面积的 52.0%。

水稻土类：全磷养分 5 级耕地面积 26.6hm²，占该土类耕地面积的 100%（表 2-60 至表

2-62)。

表 2-60　耕地土壤全磷含量统计　　　　　　（单位：g/kg）

土壤类型	最大值	最小值	平均值	第二次土壤普查		
				最大值	最小值	平均值
合　计	1.32	0.09	0.61	无第二次土壤普查数据		
一、暗棕壤类	1.28	0.19	0.6	—	—	—
（1）砾石底暗棕壤	1.28	0.19	0.65	—	—	—
（2）白浆化暗棕壤	0.8	0.46	0.65	—	—	—
（3）原始暗棕壤	0.52	0.52	0.52	—	—	—
二、白浆土类	1.17	0.2	0.6	—	—	—
（1）厚层岗地白浆土	1.17	0.21	0.64	—	—	—
（2）中层岗地白浆土	0.86	0.2	0.51	—	—	—
三、黑土类	1.28	0.09	0.63	—	—	—
（1）厚层砾石底黑土	1.28	0.19	0.65	—	—	—
（2）薄层黏底黑土	1.19	0.18	0.57	—	—	—
（3）薄层砾石底白浆化黑土	0.5	0.45	0.48	—	—	—
（4）薄层黏底白浆化黑土	0.96	0.09	0.54	—	—	—
（5）中层黏底白浆化黑土	1.05	0.2	0.57	—	—	—
（6）厚层黏底草甸黑土	1.09	0.87	1	—	—	—
（7）中层粘底草甸黑土	1.26	0.3	0.73	—	—	—
（8）薄层黏底草甸黑土	1.19	0.18	0.57	—	—	—
四、草甸土类	1.31	0.16	0.61	—	—	—
（1）厚层沟谷草甸土	0.93	0.44	0.7	—	—	—
（2）中层沟谷草甸土	1.22	0.19	0.58	—	—	—
（3）薄层沟谷草甸土	0.8	0.8	0.8	—	—	—
（4）厚层平地草甸土	0.76	0.2	0.4	—	—	—
（5）中层平地草甸土	1.17	0.17	0.67	—	—	—
（6）薄层平地草甸土	0.82	0.16	0.51	—	—	—
（7）薄层平地白浆化草甸土	1.05	0.17	0.51	—	—	—
（8）厚层沟谷白浆化草甸土	0.89	0.54	0.67	—	—	—
（9）厚层沟谷沼泽化草甸土	1.31	0.2	0.65	—	—	—
五、沼泽土类	1.32	0.22	0.69	—	—	—
（1）中层沟谷泥炭沼泽土	0.82	0.22	0.55	—	—	—
（2）中层沟谷泥炭腐殖质沼泽土	1.32	0.42	0.83	—	—	—
六、水稻土类	0.42	0.4	0.41	—	—	—
厚层平地草甸土型水稻土	0.42	0.4	0.41	—	—	—

表 2-61　各乡镇耕地土壤全磷分级面积统计　（单位：hm²）

乡　镇	面积	等级 1 面积	等级 1 占总面积（%）	等级 2 面积	等级 2 占总面积（%）	等级 3 面积	等级 3 占总面积（%）	等级 4 面积	等级 4 占总面积（%）	等级 5 面积	等级 5 占总面积（%）
合　计	13 818.9	—	—	—	—	600.9	4.3	8 765.7	63.4	4 452.3	32.2
种畜场	11 465.8	—	—	—	—	508.3	4.4	7 528.0	65.6	3 429.5	29.9
红旗镇	1 934.8					65.7	3.3	846.3	43.7	1 022.8	52.8
万宝河镇	418.3					26.9	6.4	391.4	93.6	—	

表 2-62　耕地土壤全磷分级面积统计　（单位：hm²）

土　种	面积	等级 1 面积	等级 1 占总面积（%）	等级 2 面积	等级 2 占总面积（%）	等级 3 面积	等级 3 占总面积（%）	等级 4 面积	等级 4 占总面积（%）	等级 5 面积	等级 5 占总面积（%）
合　计	13 818.9	—	—	—	—	600.9	4.3	8 765.3	63.4	4 452.7	32.2
一、暗棕壤类	2 715.8	—	—	—	—	262.8	9.7	1 814.6	66.8	638.3	23.5
（1）砾石底暗棕壤	2 592.2	—	—	—	—	262.8	10.1	1 700.1	65.6	629.3	24.3
（2）白浆化暗棕壤	120.8	—	—	—	—		—	111.8	92.5	9.0	7.5
（3）原始暗棕壤	2.7	—	—	—	—			2.7	100.0	—	
二、白浆土类	747.1	—	—	—	—	19.4	2.6	460.6	61.7	267.1	35.8
（1）厚层岗地白浆土	412.2	—	—	—	—	19.4	4.7	313.5	76.1	79.3	19.2
（2）中层岗地白浆土	334.9	—	—	—	—		—	147.1	43.9	187.8	56.1
三、黑土类	6 539.4	—	—	—	—	175.7	2.7	3 994.2	61.1	2 369.9	36.2
（1）厚层砾石底黑土	14.5	—	—	—	—			14.5	100.0	—	
（2）薄层黏底黑土	3 765	—	—	—	—	102.3	2.7	2 337.2	62.1	1 325.5	35.2
（3）薄层砾石底白浆化黑土	79.8	—	—	—	—			21.2	26.6	58.6	73.4
（4）薄层黏底白浆化黑土	1 432.1	—	—	—	—			848.3	59.2	583.8	40.8
（5）中层黏底白浆化黑土	398.3	—	—	—	—	2.5	0.6	236.3	59.3	159.5	40.0
（6）厚层黏底草甸黑土	27.6	—	—	—	—	10.4	37.7	17.2	62.3	—	
（7）中层黏底草甸黑土	411.7	—	—	—	—	56.3	13.7	239.6	58.2	115.8	28.1
（8）薄层黏底草甸黑土	410.8	—	—	—	—	4.2	1.0	279.9	68.1	126.7	30.8
四、草甸土类	3 574.2	—	—	—	—	140.3	3.9	2 395.3	67.0	1 038.6	29.1
（1）厚层沟谷草甸土	393.9	—	—	—	—		—	390.2	99.1	3.7	0.9
（2）中层沟谷草甸土	1 378.4	—	—	—	—	35.1	2.5	918.3	66.6	425.0	30.8
（3）薄层沟谷草甸土	32.3	—	—	—	—			32.3	100.0	—	
（4）厚层平地草甸土	11.8	—	—	—	—			0.6	5.1	11.2	94.9
（5）中层平地草甸土	244.2	—	—	—	—	54.7	22.4	143.4	58.7	46.1	18.9
（6）薄层平地草甸土	206.5	—	—	—	—			79.6	38.5	126.9	61.5
（7）薄层平地白浆化草甸土	86.9	—	—	—	—	4.1	4.7	26.4	30.4	56.4	64.9

（续表）

土　　种	面积	等级1		等级2		等级3		等级4		等级5	
		面积	占总面积（%）	面积	占总面积（%）	面积	占总面积（%）	面积	占总面积（%）	面积	占总面积（%）
（8）厚层沟谷白浆化草甸土	26.8	—	—	—	—	—	—	26.8	100.0	—	—
（9）厚层沟谷沼泽化草甸土	1 193.4	—	—	—	—	46.4	3.9	777.7	65.2	369.3	30.9
五、沼泽土类	215.7	—	—	—	—	2.7	1.3	100.8	46.7	112.2	52.0
（1）中层沟谷泥炭沼泽土	198.8	—	—	—	—	—	—	87.4	44.0	111.4	56.0
（2）中层沟谷泥炭腐殖质沼土	16.9	—	—	—	—	2.7	16.0	13.4	79.3	0.8	4.7
六、水稻土类	26.6	—	—	—	—	—	—	—	—	26.6	100.0
厚层平地草甸土型水稻土	26.6	—	—	—	—	—	—	—	—	26.6	100.0

五、土壤有效磷

（一）各乡镇土壤有效磷变化情况

经采样化验分析：市区土壤有效磷最大值为88.1mg/kg，最小值为5.9mg/kg，平均值为44.3mg/kg（表2-63）。

表2-63　土壤有效磷含量统计　　　　　　　　　　　　单位：mg/kg

乡　　镇	最大值	最小值	平均值
市　　区	88.1	5.9	44.3
种畜场	88	6.5	44.1
红旗镇	88.1	6	38.8
万宝河镇	76.5	32.4	50.1

（二）市区土壤类型有效磷变化情况

这次地力评价土壤有效磷与第二次土壤普查比呈上升趋势，有效磷平均值上升34.3mg/kg。其中暗棕壤土类上升33.5mg/kg、白浆土土类上升39.8mg/kg、黑土土类上升35.7mg/kg、草甸土土类上升29.8mg/kg，见表2-64。

（三）土壤有效磷分级面积情况

按照黑龙江省土壤有效磷分级标准，市区有效磷2级耕地面积6 824.9hm²，占总耕地面积的49.4%；有效磷3级耕地面积6 584.7hm²，占总耕地面积的47.6%；有效磷4级耕地面积409.3hm²，占总耕地面积的3.0%（图2-13）。

（四）市区耕地土类有效磷分级面积情况

按照黑龙江省耕地土壤有效磷分级标准，市区各类土壤有效磷分级如下。

暗棕壤类：土壤有效磷养分2级耕地面积1 643.8hm²，占该土类耕地面积的60.5%；有效磷养分3级耕地面积1 021.5hm²，占该土类耕地面积的37.6%；有效磷养分4级耕地面积50.6hm²，占该土类耕地面积的1.9%。

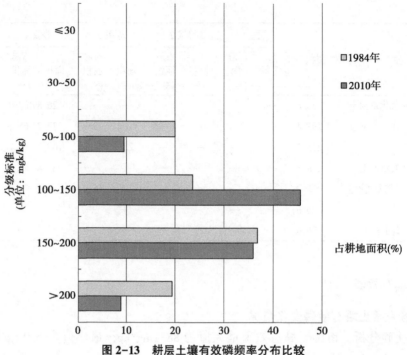

图 2-13　耕层土壤有效磷频率分布比较

白浆土类：土壤有效磷养分 2 级耕地面积 430.6hm²，占该土类耕地面积的 57.6%；有效磷养分 3 级耕地面积 297.0hm²，占该土类耕地面积的 39.8%；有效磷养分 4 级耕地面积 19.5hm²，占该土类耕地面积的 2.6%。

黑土类：土壤有效磷养分 2 级耕地面积 2 591.5hm²，占该土类的耕地面积的 39.6%；土壤有效磷养分 3 级耕地面积 3 741.9hm²，占该土类的耕地面积的 57.2%；土壤有效磷养分 4 级耕地面积 206.3hm²，占该土类的耕地面积的 3.2%。

草甸土类：土壤养分 2 级耕地面积 1 980.0hm²，占该土类的耕地面积的 55.4%；土壤有效磷养分 3 级耕地面积 1 476.0hm²，占该土类的耕地面积的 41.3%；土壤有效磷养分 4 级耕地面积 118.2hm²，占该土类的耕地面积的 3.3%。

沼泽土类：土壤有效磷养分 2 级耕地面积 152.4hm²，占该土类的耕地面积的 70.7%；土壤有效磷养分 3 级耕地面积 58.8hm²，占该土类的耕地面积的 27.3%；土壤有效磷养分 4 级耕地面积 4.5hm²，占该土类的耕地面积的 2.1%。

水稻土类：土壤有效磷养分 2 级耕地面积 26.6hm²，占该土类的耕地面积的 100%（表 2-64 至表 2-66）。

表 2-64　耕地土壤有效磷含量统计

（单位：mg/kg）

土壤类型	最大值	最小值	平均值	第二次土壤普查		
				最大值	最小值	平均值
合　计	88.1	5.9	44.3	14.3	3	10
一、暗棕壤类	87.89	17.86	40.99	39	2	7.5
（1）砾石底暗棕壤	87.89	17.86	46.61	39	2	8.7

（续表）

土壤类型	最大值	最小值	平均值	第二次土壤普查		
				最大值	最小值	平均值
（2）白浆化暗棕壤	60.63	24.03	42.51	9	2	4.2
（3）原始暗棕壤	37.96	32.45	33.87	—	—	—
二、白浆土类	88.06	11.24	44.82	19	2	5.1
（1）厚层岗地白浆土	76.51	11.24	41.03	19	2	3.9
（2）中层岗地白浆土	88.06	25.54	48.62	24	2	6.3
三、黑土类	88	5.9	41.11	8	2	5.4
（1）厚层砾石底黑土	33.85	32.75	33.3	—	—	—
（2）薄层黏底黑土	88	6.49	39.86	—	—	—
（3）薄层砾石底白浆化黑土	37.81	11.83	27.09	—	—	—
（4）薄层黏底白浆化黑土	85.85	13.89	40.73	—	—	—
（5）中层黏底白浆化黑土	85.85	17.08	55.11	—	—	—
（6）厚层黏底草甸黑土	76.51	38.3	64.05	—	—	—
（7）中层黏底草甸黑土	56.87	5.9	31.66	8	5	6.5
（8）薄层黏底草甸黑土	60.63	11.83	37.14	6	2	4
四、草甸土类	85.8	11.8	42.2	42	3	12.4
（1）厚层沟谷草甸土	74.93	22.3	49.96	31	10	17
（2）中层沟谷草甸土	85.85	22.14	53.19	—	—	—
（3）薄层沟谷草甸土	44.05	44.05	44.05	—	—	—
（4）厚层平地草甸土	59.14	27.55	47.48	—	—	—
（5）中层平地草甸土	85.85	18.65	40.05	31	5	13.8
（6）薄层平地草甸土	85.85	19.54	32.47	9	3	5.7
（7）薄层平地白浆化草甸土	39.11	11.83	28.09	42	3	14.3
（8）厚层沟谷白浆化草甸土	45.7	36.8	40.7	—	—	—
（9）厚层沟谷沼泽化草甸土	65.7	14.7	38.7	—	—	9
五、沼泽土类	69.9	19.7	51.4	—	—	—
（1）中层沟谷泥炭沼泽土	75.2	19.7	45.3	—	—	—
（2）中层沟谷泥炭腐殖质沼泽土	69.9	36.9	57.4	—	—	—
六、水稻土类	81.2	50.8	66	—	—	—
厚层平地草甸土型水稻土	81.2	50.8	66	—	—	—

表 2-65　各乡镇耕地土壤有效磷分级面积统计　　　　（单位：hm²）

乡镇	面积	1级		2级		3级		4级		5级		6级	
		面积	占总面积（%）	面积	占总面积（%）	面积	占总面积（%）	面积	占总面积（%）	面积	占总面积（%）	面积	占总面积（%）
合　计	13 818.9	—	—	6 824.2	49.3	6 515.6	47.1	408.9	2.9	70.3	0.5	—	—
种畜场	11 465.8	—	—	5 783.7	50.4	5 333.1	46.5	296.2	2.5	52.9	0.4	—	—
红旗镇	1 934.9	—	—	677.9	35	1 126.9	58.2	112.7	5.8	17.4	0.8	—	—
万宝河镇	418.2	—	—	362.6	86.7	55.6	13.2	—	—	—	—	—	—

表 2-66　耕地土壤有效磷分级面积统计　　　　（单位：hm²）

土　种	面积	等级1		等级2		等级3		等级4		等级5	
		面积	占总面积（%）	面积	占总面积（%）	面积	占总面积（%）	面积	占总面积（%）	面积	占总面积（%）
合　计	13 818.9	—	—	6 824.9	49.4	6 584.7	47.6	409.3	3.0	—	—
一、暗棕壤类	2 715.9	—	—	1 643.8	60.5	1 021.5	37.6	50.6	1.9		
（1）砾石底暗棕壤	2 591.9	—	—	1 530.4	59.0	1 010.9	39.0	50.6	2.0		
（2）白浆化暗棕壤	121.3	—	—	113.4	93.5	7.9	6.5	—	—		
（3）原始暗棕壤	2.7	—	—	—	—	2.7	100.0				
二、白浆土类	747.1	—	—	430.6	57.6	297	39.8	19.5	2.6		
（1）厚层岗地白浆土	412.2	—	—	266.5	64.7	126.2	30.6	19.5	4.7		
（2）中层岗地白浆土	334.9	—	—	164.1	49.0	170.8	51.0	—	—		
三、黑土类	6 539.7	—	—	2 591.5	39.6	3 741.9	57.2	206.3	3.2		
（1）厚层砾石底黑土	14.5	—	—	—	—	14.5	100.0				
（2）薄层黏底黑土	3 951.7	—	—	1 662.8	42.1	2 149.5	54.4	139.4	3.5		
（3）薄层砾石底白浆化黑土	80.3	—	—	17.4	21.7	34.3	42.7	28.6	35.6		
（4）薄层黏底白浆化黑土	1 402.1	—	—	472.5	33.7	922.8	65.8	6.7	0.5		
（5）中层黏底白浆化黑土	398.2	—	—	349.7	87.8	47.4	11.9	1.1	0.3		
（6）厚层黏底草甸黑土	27.6	—	—	19.7	71.4	7.9	28.6	—	—		
（7）中层黏底草甸黑土	494.3	—	—	26.5	5.4	449.2	90.9	18.6	3.8		
（8）薄层黏底草甸黑土	171	—	—	42.9	25.1	116.2	68.0	11.9	7.0		
四、草甸土类	3 574.2	—	—	1 980	55.4	1 476	41.3	118.2	3.3		
（1）厚层沟谷草甸土	393.9	—	—	357.5	90.8	36.4	9.2	—	—		
（2）中层沟谷草甸土	1 428.3	—	—	1 077.5	75.4	350.8	24.6	—	—		
（3）薄层沟谷草甸土	32.4	—	—	32.4	100.0	—	—				
（4）厚层平地草甸土	11.8	—	—	5.3	44.9	6.5	55.1				
（5）中层平地草甸土	251.9	—	—	101.7	40.4	141.7	56.3	8.5	3.4	—	—

（续表）

土 种	面积	等级 1		等级 2		等级 3		等级 4		等级 5	
		面积	占总面积（%）	面积	占总面积（%）	面积	占总面积（%）	面积	占总面积（%）	面积	占总面积（%）
（6）薄层平地草甸土	256.5	—	—	54.6	21.3	166.5	64.9	35.4	13.8	—	—
（7）薄层平地白浆化草甸土	86.1	—	—	—	—	64.1	74.4	22	25.6	—	—
（8）厚层沟谷白浆化草甸土	26.8	—	—	18.4	68.7	8.4	31.3	—	—	—	—
（9）厚层沟谷沼泽化草甸土	1 086.5	—	—	332.6	30.6	701.6	64.6	52.3	4.8	—	—
五、沼泽土类	215.7	—	—	152.4	70.7	58.8	27.3	4.5	2.1	—	—
（1）中层沟谷泥炭沼泽土	198.8	—	—	139.5	70.2	54.8	27.6	4.5	2.3	—	—
（2）中层沟谷泥炭腐殖质沼土	16.9	—	—	12.9	76.3	4	23.7	—	—	—	—
六、水稻土类	26.5	—	—	26.6	100.4	—	—	—	—	—	—
厚层平地草甸土型水稻土	26.6	—	—	26.6	100.0	—	—	—	—	—	—

六、土壤全钾

（一）各乡镇土壤全钾变化情况

此次调查市区耕地土壤全钾最大值 27.3g/kg，最小值 9.14g/kg，平均值 17.9g/kg。种畜场全钾含量最低（表 2-67）。

表 2-67　土壤全钾含量统计　　　　　　　　　　（单位：g/kg）

乡　镇	最大值	最小值	平均值
市　区	27.3	9.14	17.9
种畜场	25.8	9.14	17.5
红旗镇	27.3	13.4	21.8
万宝河镇	22.3	17.3	20.4

（二）市区土壤类型全钾变化情况

此次调查市区耕地土壤全钾养分含量如下：暗棕壤类平均 18.0g/kg，白浆土类平均 20.9g/kg，草甸土类平均 20.0 g/kg，黑土土类平均 18.9g/kg，沼泽土类平均 17.5g/kg，水稻土类平均 22.9g/kg（表 2-68）。

表 2-68　耕地土壤全钾含量统计　　　　　　　　（单位：g/kg）

土壤类型	最大值	最小值	平均值	第二次土壤普查		
				最大值	最小值	平均值
合　计	27.3	9.14	17.9	无第二次土壤普查数据		
一、暗棕壤类	26.2	9.1	18	—		—
（1）砾石底暗棕壤	26.2	9.1	17.3	—		—

（续表）

土壤类型	最大值	最小值	平均值	第二次土壤普查		
				最大值	最小值	平均值
（2）白浆化暗棕壤	23	16.9	19.5	—	—	—
（3）原始暗棕壤	17.4	17.2	17.3	—	—	—
二、白浆土类	27.3	13.4	20.9	—	—	—
（1）厚层岗地白浆土	25.8	14.7	20.7	—	—	—
（2）中层岗地白浆土	27.3	13.4	21	—	—	—
三、黑土类	26.3	11.6	18.9	—	—	—
（1）厚层砾石底黑土	18.4	17.5	18	—	—	—
（2）薄层黏底黑土	23.6	11.6	17.5	—	—	—
（3）薄层砾石底白浆化黑土	21	14	18.1	—	—	—
（4）薄层黏底白浆化黑土	22.7	12.7	17.5	—	—	—
（5）中层黏底白浆化黑土	23.5	15.3	18.5	—	—	—
（6）厚层黏底草甸黑土	20.1	20	20	—	—	—
（7）中层黏底草甸黑土	26.3	12.2	18.7	—	—	—
（8）薄层黏底草甸黑土	26.3	16.9	22.8	—	—	—
四、草甸土类	26.3	12.1	20	—	—	—
（1）厚层沟谷草甸土	24.3	16.7	20.6	—	—	—
（2）中层沟谷草甸土	23.5	12.1	18	—	—	—
（3）薄层沟谷草甸土	20.06	20.06	20.06	—	—	—
（4）厚层平地草甸土	26.2	16.4	23.3	—	—	—
（5）中层平地草甸土	25.8	15.5	20.1	—	—	—
（6）薄层平地草甸土	26.3	16.4	20.4	—	—	—
（7）薄层平地白浆化草甸土	26.1	19.3	22.2	—	—	—
（8）厚层沟谷白浆化草甸土	18	16.6	17.5	—	—	—
（9）厚层沟谷沼泽化草甸土	25.8	13	18.1	—	—	—
五、沼泽土类	25.8	13	17.5	—	—	—
（1）中层沟谷泥炭沼泽土	21.2	14	17	—	—	—
（2）中层沟谷泥炭腐殖质沼泽土	25.8	13	18.1	—	—	—
六、水稻土类	23.8	22.1	22.9	—	—	—
厚层平地草甸土型水稻土	23.8	22.1	22.9	—	—	—

（三）土壤全钾分级面积情况

按照黑龙江省土壤养分分级标准，全钾养分 2 级耕地面积 407.9hm²，占总耕地面积的 3.0%；养分 3 级耕地面积 3 090.0hm²，占总耕地面积的 22.4%；养分 4 级耕地面积

10 284.0hm²，占总耕地面积的 74.4%；养分 5 级耕地面积 37.7hm²，占总耕地面积的 0.3%。

（四）市区耕地土类全钾分级面积情况

按照黑龙江省耕地土壤全钾分级标准，市区各类土壤全钾分级如下。

暗棕壤类：土壤全钾养分 2 级耕地面积 18.0hm²，占该土类耕地面积的 0.7%；全钾养分 3 级耕地面积 418.3hm²，占该土类耕地面积的 15.4%；全钾养分 4 级耕地面积 2 242.0hm²，占该土类耕地面积的 82.5%；全钾养分 5 级耕地面积 37.7hm²，占该土类耕地面积的 1.4%。

白浆土类：全钾养分 2 级耕地面积 52.4hm²，占该土类耕地面积的 7.0%；全钾养分 3 级耕地面积 492.1hm²，占该土类耕地面积的 65.9%；全钾养分 4 级耕地面积 202.6hm²，占该土类耕地面积的 27.1%。

黑土类：土壤全钾养分 2 级耕地面积 185.5hm²，占该土类的耕地面积的 2.8%；土壤全钾养分 3 级耕地面积 1 130.0hm²，占该土类的耕地面积的 17.3%；全钾养分 4 级耕地面积 5 224.0hm²，占该土类的耕地面积的 79.9%。

草甸土类：土壤全钾养分 2 级耕地面积 152.0hm²，占该土类的耕地面积的 4.3%；土壤全钾养分 3 级耕地面积 1 019.0hm²，占该土类的耕地面积的 28.5%；土壤全钾养分 4 级耕地面积 2 403.0hm²，占该土类的耕地面积的 67.2%。

沼泽土类：土壤全钾养分 3 级耕地面积 3.7hm²，占该土类的耕地面积的 1.7%；土壤全钾养分 4 级耕地面积 212.1hm²，占该土类的耕地面积的 98.3%。

水稻土类：土壤全钾养分 3 级耕地面积 26.6hm²，占该土类的耕地面积的 100%（表 2-69、表 2-70）。

表 2-69　各乡镇耕地土壤全钾分级面积统计　　　　　　　　（单位：hm²）

| 乡镇 | 面积 | 1 级 | | 2 级 | | 3 级 | | 4 级 | | 5 级 | | 6 级 | |
		面积	占总面积（%）	面积	占总面积（%）	面积	占总面积（%）	面积	占总面积（%）	面积	占总面积（%）	面积	占总面积（%）
合　计	13 818.9	—	—	407.9	2.9	3 139.8	22.7	10 233.5	74	37.7	0.3	—	—
种畜场	11 465.8	—	—	12.8	0.11	1 817.1	15.8	9 598.3	83.7	37.7	0.3	—	—
红旗镇	1 934.9	—	—	395.1	20.4	968.5	50.0	571.3	29.5	—	—	—	—
万宝河镇	418.2					354.2	84.7	63.9	15.3	—	—	—	—

表 2-70　耕地土壤全钾分级面积统计　　　　　　　　　　（单位：hm²）

| 土　种 | 面积 | 等级 1 | | 等级 2 | | 等级 3 | | 等级 4 | | 等级 5 | |
		面积	占总面积（%）	面积	占总面积（%）	面积	占总面积（%）	面积	占总面积（%）	面积	占总面积（%）
合　计	13 818.9	—	—	407.9	3.0	3 089.5	22.4	10 283.8	74.4	37.7	0.3
一、暗棕壤类	2 715.9	—	—	18	0.7	418.3	15.4	2 241.9	82.5	37.7	1.4
（1）砾石底暗棕壤	2 592.2			18	0.7	365	14.1	2 171.5	83.8	37.7	1.5
（2）白浆化暗棕壤	121	—	—	—	—	53.3	44.0	67.7	56.0	—	—

（续表）

土　种	面积	等级1 面积	占总面积（%）	等级2 面积	占总面积（%）	等级3 面积	占总面积（%）	等级4 面积	占总面积（%）	等级5 面积	占总面积（%）
（3）原始暗棕壤	2.7	—	—	—	—	—	—	2.7	100.0	—	—
二、白浆土类	747.1	—	—	52.4	7.0	492.1	65.9	202.6	27.1	—	—
（1）厚层岗地白浆土	412.2	—	—	7.2	1.7	292.2	70.9	112.8	27.4	—	—
（2）中层岗地白浆土	334.9	—	—	45.2	13.5	199.9	59.7	89.8	26.8	—	—
三、黑土类	6 539.3	—	—	185.5	2.8	1 129.7	17.3	5224.1	79.9	—	—
（1）厚层砾石底黑土	14.5	—	—	—	—	—	—	14.5	100.0	—	—
（2）薄层黏底黑土	4 005.1	—	—	—	—	610.8	15.3	3 394.3	84.7	—	—
（3）薄层砾石底白浆化黑土	80.5	—	—	—	—	12.5	15.5	68	84.5	—	—
（4）薄层黏底白浆化黑土	1 432.1	—	—	—	—	244.2	17.1	1 187.9	82.9	—	—
（5）中层黏底白浆化黑土	398.3	—	—	—	—	57.2	14.4	341.1	85.6	—	—
（6）厚层黏底草甸黑土	27.4	—	—	—	—	17	62.0	10.4	38.0	—	—
（7）中层黏底草甸黑土	410.3	—	—	64	15.6	155.3	37.9	191	46.6	—	—
（8）薄层黏底草甸黑土	171.1	—	—	121.5	71.0	32.7	19.1	16.9	9.9	—	—
四、草甸土类	3 574.2	—	—	152	4.3	1 019.1	28.5	2 403.1	67.2	—	—
（1）厚层沟谷草甸土	393.9	—	—	—	—	227.2	57.7	166.7	42.3	—	—
（2）中层沟谷草甸土	1 428.2	—	—	—	—	272	19.0	1 156.2	81.0	—	—
（3）薄层沟谷草甸土	32.4	—	—	—	—	32.4	100.0	—	—	—	—
（4）厚层平地草甸土	11.8	—	—	—	—	11.8	100.0	—	—	—	—
（5）中层平地草甸土	244.2	—	—	54.7	22.4	91.2	37.3	98.3	40.3	—	—
（6）薄层平地草甸土	256.4	—	—	78.1	30.5	127.6	49.8	50.7	19.8	—	—
（7）薄层平地白浆化草甸土	87	—	—	8	9.2	55.7	64.0	23.3	26.8	—	—
（8）厚层沟谷白浆化草甸土	26.8	—	—	—	—	—	—	26.8	100.0	—	—
（9）厚层沟谷沼泽化草甸土	1 093.5	—	—	11.2	1.0	201.2	18.4	881.1	80.6	—	—
五、沼泽土类	215.8	—	—	—	—	3.7	1.7	212.1	98.3	—	—
（1）中层沟谷泥炭沼泽土	198.7	—	—	—	—	0.7	0.4	198	99.6	—	—
（2）中层沟谷泥炭腐殖质沼土	17.1	—	—	—	—	3	17.5	14.1	82.5	—	—
六、水稻土类	26.6	—	—	—	—	26.6	100.0	—	—	—	—
厚层平地草甸土型水稻土	26.6	—	—	—	—	26.6	100.0	—	—	—	—

七、土壤速效钾

（一）各乡镇土壤速效钾变化情况

这次耕地地力评价调查采样化验分析，市区速效钾最大值 428.0mg/kg，最小值 66.0mg/kg，平均 143.9mg/kg（表2-71）。

表 2-71　土壤速效钾含量统计　　　　　　　　（单位：mg/kg）

乡　镇	最大值	最小值	平均值
市　区	428	66	143.9
种畜场	428	66	145.5
红旗镇	299	71	138.1
万宝河镇	162	71	114.4

（二）市区土壤类型速效钾变化情况

这次地力评价土壤速效钾与第二次土壤普查比呈下降趋势，速效钾平均值下降 37mg/kg。其中暗棕壤土类下降 21.4mg/kg、白浆土土类下降 6mg/kg、黑土土类下降 19.6mg/kg、草甸土下降 99.8mg/kg。

（三）土壤速效钾分级面积情况

按照黑龙江省土壤速效钾分级标准，速效钾 1 级耕地面积 1 227.7hm²，占总耕地面积的 8.9%；速效钾 2 级耕地面积 4 970.3hm²，占总耕地面积的 36%；速效钾 3 级耕地面积 6 291hm²，占总耕地面积的 45.5%；速效钾 4 级耕地面积 1 330hm²，占总耕地面积的 9.6%（图 2-14）。

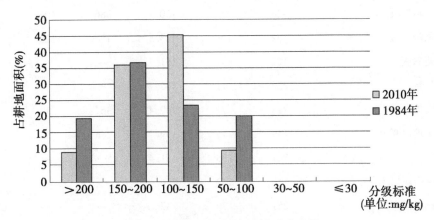

图 2-14　耕层土壤速效钾频率分布比较

（四）市区耕地土类速效钾分级面积情况

暗棕壤类：土壤速效钾养分 1 级耕地面积 409.1hm²，占该土类耕地面积的 15.1%；土壤速效钾养分 2 级耕地面积 1 049.4hm²，占该土类耕地面积的 38.6%；速效钾养分 3 级耕地面积 1 107hm²，占该土类耕地面积的 40.8%；速效钾养分 4 级耕地面积 150.6hm²，占该土类耕地面积的 5.5%。

白浆土类：土壤速效钾养分 1 级耕地面积 15.3hm²，占该土类耕地面积的 15.3%；速效钾养分 2 级耕地面积 224.3hm²，占该土类耕地面积的 30%；速效钾养分 3 级耕地面积 357.6hm²，占该土类耕地面积的 47.9%；速效钾养分 4 级耕地面积 20.1hm²，占该土类耕地面积的 1.1%

黑土类：土壤速效钾养分 1 级耕地面积 527.7hm²，占该土类的耕地面积的 8.1%；土壤速效钾养分 2 级耕地面积 2 454.6hm²，占该土类的耕地面积的 37.5%；土壤速效钾养分 3 级耕地面积 2 772hm²，占该土类的耕地面积的 42.4%；土壤速效钾养分 4 级耕地面积 785.3hm²，占该土类的耕地面积的 12%。

草甸土类：土壤速效钾养分 1 级耕地面积 266.1hm²，占该土类的耕地面积的 7.4%；土壤养分 2 级耕地面积 1 210.6hm²，占该土类的耕地面积的 33.9%；土壤速效钾养分 3 级耕地面积 1 853hm²，占该土类的耕地面积的 51.8%；土壤速效钾养分 4 级耕地面积 244.5hm²，占该土类的耕地面积的 6.8%。

沼泽土类：土壤速效钾养分 2 级耕地面积 14.2hm²，占该土类的耕地面积的 6.6%；土壤速效钾养分 3 级耕地面积 201.5hm²，占该土类的耕地面积的 93.4%。

水稻土类：土壤速效钾养分 1 级耕地面积 9.5hm²，占该土类的耕地面积的 36%；土壤速效钾养分 2 级耕地面积 17.2hm²，占该土类的耕地面积的 64%（表 2-72 至表 2-74）。

表 2-72　耕地土壤速效钾含量统计　（单位：mg/kg）

土壤类型	最大值	最小值	平均值	第二次土壤普查		
				最大值	最小值	平均值
合　计	428	66	143.9	753	52	184
一、暗棕壤类	428	70	141.7	—	—	—
（1）砾石底暗棕壤	428	70	150	386	106	204.8
（2）白浆化暗棕壤	152	102	123.5	158	120	137.3
（3）原始暗棕壤	152	151	151.7	—	—	—
二、白浆土类	223	71	144.7	—	—	—
（1）厚层岗地白浆土	223	71	130.4	367	78	156
（2）中层岗地白浆土	159	71	159	286	52	147
三、黑土类	387	70	151.4	—	—	—
（1）厚层砾石底黑土	150	142	146	—	—	—
（2）薄层黏底黑土	257	70	137	—	—	—
（3）薄层砾石底白浆化黑土	157	119	133.7	—	—	—
（4）薄层黏底白浆化黑土	387	71	142.3	—	—	—
（5）中层黏底白浆化黑土	349	99	140	—	—	—
（6）厚层黏底草甸黑土	162	150	156.3	—	—	—
（7）中层黏底草甸黑土	372	86	191.9	288	102	189
（8）薄层黏底草甸黑土	202	113	163.7	186	118	153
四、草甸土类	365	66	136.4	—	—	—
（1）厚层沟谷草甸土	232	111	144.5	279	131	199
（2）中层沟谷草甸土	365	76	151.5	—	—	—
（3）薄层沟谷草甸土	119	119	119	—	—	—

（续表）

土壤类型	最大值	最小值	平均值	第二次土壤普查		
				最大值	最小值	平均值
（4）厚层平地草甸土	107	82	93.8	299	95	193.7
（5）中层平地草甸土	174	93	138.4	—	—	—
（6）薄层平地草甸土	202	113	163.7	753	94	351
（7）薄层平地白浆化草甸土	299	84	165.5	318	96	178.3
（8）厚层沟谷白浆化草甸土	150	93	116.4	—	—	—
（9）厚层沟谷沼泽化草甸土	258	66	135.1	—	—	257
五、沼泽土类	188	108	136.8	—	—	—
（1）中层沟谷泥炭沼泽土	188	108	132.1	—	—	—
（2）中层沟谷泥炭腐殖质沼泽土	178	126	141.6	—	—	—
六、水稻土类	226	194	210	—	—	—
厚层平地草甸土型水稻土	226	194	210	—	—	—

表 2-73　各乡镇耕地土壤速效钾分级面积统计　（单位：hm²）

乡镇	面积	1级		2级		3级		4级		5级		6级	
		面积	占总面积（%）	面积	占总面积（%）	面积	占总面积（%）	面积	占总面积（%）	面积	占总面积（%）	面积	占总面积（%）
合　计	13 818.9	1 227.8	8.9	3 364.6	22.6	7 860.6	56.8	1 603.9	11.6	—	—	—	—
种畜场	11 465.7	1 143.7	9.9	2 382.5	20.7	6 760.9	58.9	1 178.6	10.2	—	—	—	—
红旗镇	1 934.9	84.1	4.3	696.2	35.9	843.7	43.6	310.9	16	—	—	—	—
万宝河镇	418.3	—	—	47.9	11.4	256.0	61.2	114.4	27.3	—	—	—	—

表 2-74　耕地土壤速效钾分级面积统计　（单位：hm²）

土　种	面积	等级 1		等级 2		等级 3		等级 4		等级 5	
		面积	占总面积（%）	面积	占总面积（%）	面积	占总面积（%）	面积	占总面积（%）	面积	占总面积（%）
合　计	13 818.9	1 227.7	8.9	4 970.3	36.0	6 290.6	45.5	1 330.3	9.6	—	—
一、暗棕壤类	2 715.9	409.1	15.1	1 049.4	38.6	1 106.8	40.8	150.6	5.5	—	—
（1）砾石底暗棕壤	2 576.7	409.1	15.9	1 012.7	39.3	1 004.3	39.0	150.6	5.8	—	—
（2）白浆化暗棕壤	136.4	—	—	33.9	24.9	102.5	75.1	—	—	—	—
（3）原始暗棕壤	2.8	—	—	—	100.0	—	—	—	—	—	—
二、白浆土类	747.1	15.3	2.0	224.3	30.0	357.6	47.9	149.9	20.1	—	—

（续表）

土 种	面积	等级1		等级2		等级3		等级4		等级5	
		面积	占总面积（%）	面积	占总面积（%）	面积	占总面积（%）	面积	占总面积（%）	面积	占总面积（%）
（1）厚层岗地白浆土	356	15.3	4.3	81.9	23.0	208.2	58.5	50.6	14.2	—	—
（2）中层岗地白浆土	391.1	—	—	142.4	36.4	149.4	38.2	99.3	25.4	—	—
三、黑土类	6 539.3	527.7	8.1	2 454.6	37.5	2 771.7	42.4	785.3	12.0		
（1）厚层砾石底黑土	23	—	—	11.5	50.0	11.5	50.0				
（2）薄层黏底黑土	3 689.4	280.5	7.6	1 472.2	39.9	1 247.5	33.8	689.2	18.7		
（3）薄层砾石底白浆化黑土	124.4			47.9	38.5	76.5	61.5				
（4）薄层黏底白浆化黑土	1 796.6	160.8	9.0	692.1	38.5	899.2	50.1	44.5	2.5		
（5）中层黏底白浆化黑土	388.2	8.1	2.1	71.9	18.5	274	70.6	34.2	8.8		
（6）厚层黏底草甸黑土	18.3			18.3	100.0						
（7）中层黏底草甸黑土	403.2	78.3	19.4	92.6	23.0	214.9	53.3	17.4	4.3		
（8）薄层黏底草甸黑土	96.2			48.1	50.0	48.1	50.0				
四、草甸土类	3 574.2	266.1	7.4	1 210.6	33.9	1 853	51.8	244.5	6.8		
（1）厚层沟谷草甸土	484	19.4	4.0	199.8	41.3	264.8	54.7				
（2）中层沟谷草甸土	1 419.8	165.9	11.7	377.1	26.6	787.2	55.4	89.6	6.3		
（3）薄层沟谷草甸土	332.3					32.3	9.7				
（4）厚层平地草甸土	11.8					6.5	55.1	5.3	44.9		
（5）中层平地草甸土	244.1			123.1	50.4	103.2	42.3	17.8	7.3		
（6）薄层平地草甸土	53	20.7	39.1	14.5	27.4	17.8	33.6	—	—		
（7）薄层平地白浆化草甸土	61.2	24.9	40.7	15	24.5	18.2	29.7	3.1	5.1		
（8）厚层沟谷白浆化草甸土	80.1			56	69.9	16.7	20.8	7.4	9.2		
（9）厚层沟谷沼泽化草甸土	1 187.9	35.2	3.0	425.1	35.8	606.3	51.0	121.3	10.2		
五、沼泽土类	215.7			14.2	6.6	201.5	93.4				
（1）中层沟谷泥炭沼泽土	198.8	—	—	10.5	5.3	188.3	94.7				
（2）中层沟谷泥炭腐殖质沼土	16.9			3.7	21.9	13.2	78.1				
六、水稻土类	26.6	9.5	35.7	17.2	64.7	—	—				
厚层平地草甸土型水稻土	26.6	9.5	35.7	17.2	64.7	—	—				

八、土壤有效锌

（一）各乡镇土壤有效锌含量

此次调查化验分析了土壤有效锌含量情况，土壤有效锌最大值是 8.93mg/kg，最小值是 0.20mg/kg，平均值是 1.49mg/kg，平均值较高的是万宝河镇（表2-75）。

表 2-75　土壤有效锌含量统计　　　　　（单位：mg/kg）

乡　　镇	最大值	最小值	平均值
市　　区	8.93	0.20	1.49
种畜场	5.4	0.2	1.37
红旗镇	8.93	0.26	2.22
万宝河镇	5.10	1.26	3.25

（二）市区土壤类型有效锌统计

此次调查化验分析各土类有效锌养分如下。

暗棕壤类有效锌含量平均值 2.64mg/kg，白浆土类有效锌含量平均 2.57mg/kg，黑土类有效锌含量平均 2.08mg/kg，草甸土类有效锌含量平均 2.09mg/kg，沼泽土类有效锌含量平均 2.19mg/kg，水稻土类有效锌含量平均 1.27mg/kg。

（三）土壤有效锌分级面积情况

按照黑龙江省土壤有效锌分级标准，分级情况如下。

市区有效锌养分 1 级耕地面积 3 032.9hm²，占总耕地面积的 21.9%；有效锌养分 2 级耕地面积 1 255.1hm²，占总耕地面积的 9.1%；有效锌养分 3 级耕地面积 3 914.0hm²，占总耕地面积的 28.3%；有效锌养分 4 级耕地面积 4 109hm²，占总耕地面积的 29.7%；有效锌养分 5 级耕地面积 1507.8hm²，占总耕地面积的 10.9%（表 2-76）。

表 2-76　耕地土壤有效锌含量统计　　　　　（单位：mg/kg）

土壤类型	最大值	最小值	平均值	第二次土壤普查		
				最大值	最小值	平均值
合　　计	8.93	0.2	1.49	无第二次土壤普查数据		
一、暗棕壤类	8.93	0.2	2.64	—	—	—
（1）砾石底暗棕壤	8.93	0.2	1.67	—	—	—
（2）白浆化暗棕壤	2.2	0.37	1.56	—	—	—
（3）原始暗棕壤	1.33	1.33	—	—	—	—
二、白浆土类	5.83	0.26	2.57	—	—	—
（1）厚层岗地白浆土	5.83	0.3	2.28	—	—	—
（2）中层岗地白浆土	4.6	0.26	1.7	—	—	—
三、黑土类	4.7	0.2	2.08	—	—	—
（1）厚层砾石底黑土	1.34	1.33	1.34	—	—	—
（2）薄层黏底黑土	3.31	0.2	1.89	—	—	—
（3）薄层砾石底白浆化黑土	3.4	1	2.08	—	—	—
（4）薄层黏底白浆化黑土	3.4	0.2	2.03	—	—	—
（5）中层黏底白浆化黑土	3.7	0.2	1.06	—	—	—
（6）厚层黏底草甸黑土	4.7	4.2	4.56	—	—	—

（续表）

土壤类型	最大值	最小值	平均值	第二次土壤普查		
				最大值	最小值	平均值
（7）中层黏底草甸黑土	3.88	0.4	1.74	—	—	—
（8）薄层黏底草甸黑土	4.17	0.4	1.11	—	—	—
四、草甸土类	8.93	0.26	2.09	—	—	—
（1）厚层沟谷草甸土	5.1	0.5	1.5	—	—	—
（2）中层沟谷草甸土	3.9	0.2	1.07	—	—	—
（3）薄层沟谷草甸土	2.2	2.2	2.2	—	—	—
（4）厚层平地草甸土	4.28	0.26	1.86	—	—	—
（5）中层平地草甸土	8.93	0.7	2.93	—	—	—
（6）薄层平地草甸土	8.93	0.4	3.06	—	—	—
（7）薄层平地白浆化草甸土	8.65	0.62	3.78	—	—	—
（8）厚层沟谷白浆化草甸土	1.4	0.9	1.19	—	—	—
（9）厚层沟谷沼泽化草甸土	2.5	0.56	1.29	—	—	—
五、沼泽土类	3.7	0.5	2.19	—	—	—
（1）中层沟谷泥炭沼泽土	3.4	0.5	1.99	—	—	—
（2）中层沟谷泥炭腐殖质沼泽土	3.7	1.9	2.4	—	—	—
六、水稻土类	1.56	0.98	1.27	—	—	—
厚层平地草甸土型水稻土	1.56	0.98	1.27	—	—	—

（四）七台河市区耕地土类有效锌分级面积情况

此次地力评价调查各类土壤有效锌分级如下。

暗棕壤类：有效锌养分 1 级耕地面积 928.2hm²，占该土类耕地面积的 34.2%；有效锌养分 2 级耕地面积 320.1hm²，占该土类耕地面积的 11.8%；有效锌养分 3 级耕地面积 906.4hm²，占该土类耕地面积的 33.4%；有效锌养分 4 级耕地面积 469.1hm²，占该土类耕地面积的 17.3%；有效锌养分 5 级耕地面积 92.1hm²，占该土类耕地面积的 3.4%。

白浆土类：有效锌养分 1 级耕地面积 308.7hm²，占该土类耕地面积的 41.3%；有效锌养分 2 级耕地面积 139.5hm²，占该土类耕地面积的 18.7%；有效锌养分 3 级耕地面积 75.4hm²，占该土类耕地面积的 10.1%；有效锌养分 4 级耕地面积 196.7hm²，占该土类耕地面积的 26.3%；有效锌养分 5 级耕地面积 26.8hm²，占该土类耕地面积的 3.6%。

黑土类：有效锌养分 1 级耕地面积 135.2hm²，占该土类耕地面积的 17.4%；有效锌养分 2 级耕地面积 513.2hm²，占该土类耕地面积的 7.8%；有效锌养分 3 级耕地面积 1 792hm²，占该土类耕地面积的 27.4%；有效锌养分 4 级耕地面积 2 289hm²，占该土类耕地面积的 35%；有效锌养分 5 级耕地面积 810.0hm²，占该土类耕地面积不足 12.4%。

草甸土类：有效锌养分 1 级耕地面积 593.9hm²，占该土类耕地面积的 16.6%；有效锌养分 2 级耕地面积 237.0hm²，占该土类耕地面积的 6.6%；有效锌养分 3 级耕地面积

1 074hm²，占该土类耕地面积的 34.1%；有效锌养分 4 级耕地面积 1 094hm²，占该土类耕地面积的 30.6%；有效锌养分 5 级耕地面积 575.5hm²，占该土类耕地面积的 16.1%。

沼泽土类：有效锌养分 1 级耕地面积 66.9hm²，占该土类耕地面积的 31%；有效锌养分 2 级耕地面积 35.8hm²，占该土类耕地面积的 16.6%；有效锌养分 3 级耕地面积 66.5hm²，占该土类耕地面积的 30.8%；有效锌养分 4 级耕地面积 43.1hm²，占该土类耕地面积的 20%；有效锌养分 5 级耕地面积 3.4hm²，占该土类耕地面积的 1.6%。

水稻土类：有效锌养分 2 级耕地面积 9.5hm²，占该土类耕地面积的 35.7%；，有效锌养分 4 级耕地面积 17.1hm²，占该土类耕地面积的 64.3%（表 2-77、表 2-78）。

表 2-77 各乡镇耕地土壤有效锌分级面积统计 （单位：hm²）

乡 镇	面积	1级		2级		3级		4级		5级	
		面积	占总面积（%）	面积	占总面积（%）	面积	占总面积（%）	面积	占总面积（%）	面积	占总面积（%）
合 计	13 818.9	2 998.1	21.7	1 183.4	8.5	3 683.9	26.6	4 515.1	32.6	1 438.3	10.4
种畜场	11 465.7	1 951.9	17.0	970.3	8.4	3 352.1	29.2	4 030	35.1	1 161.4	10.1
红旗镇	1 934.9	641.0	33.1	213.1	11.0	318.8	16.4	485.1	25.0	276.9	14.3
万宝河镇	418.3	405.2	96.8	—	—	13	3.2				

表 2-78 耕地土壤有效锌分级面积统计 （单位：hm²）

土 种	面积	等级1		等级2		等级3		等级4		等级5	
		面积	占总面积（%）	面积	占总面积（%）	面积	占总面积（%）	面积	占总面积（%）	面积	占总面积（%）
合 计	13 818.8	3 032.9	21.9	1 255.1	9.1	3 914.2	28.3	4 108.8	29.7	1 507.8	10.9
一、暗棕壤类	2 715.9	928.2	34.2	320.1	11.1	906.4	33.4	469.1	17.3	92.1	3.4
（1）砾石底暗棕壤	2 640.6	928.2	35.2	300.2	11.4	885.3	33.5	464.3	17.6	62.6	2.4
（2）白浆化暗棕壤	72.6	—	—	19.9	27.4	18.4	25.3	4.8	6.6	29.5	40.6
（3）原始暗棕壤	2.7	—	—	—	—	2.7	100.0				
二、白浆土类	747.1	308.7	41.3	139.5	18.7	75.4	10.1	196.7	26.3	26.8	3.6
（1）厚层岗地白浆土	411.8	244.4	59.3	27.3	6.6	21.1	5.1	107.1	26.0	11.9	2.9
（2）中层岗地白浆土	335.3	64.3	19.2	112.2	33.5	54.3	16.2	89.6	26.7	14.9	4.4
三、黑土类	6 539.3	1 135.2	17.4	513.2	7.8	1 791.8	27.4	2 289.1	35.0	810	12.4
（1）厚层砾石底黑土	14.5	—	—	—	—	14.5	100.0				
（2）薄层黏底黑土	4 102.6	665	16.2	343.5	8.4	1 456.3	35.5	1 407.8	34.3	230	5.6
（3）薄层砾石底白浆化黑土	79.4	79.4	100.0								
（4）薄层黏底白浆化黑土	1 526.7	222.9	14.6	77.8	5.1	187.8	12.3	726.6	47.6	311.6	20.4
（5）中层黏底白浆化黑土	425.4	43.2	10.2	57.2	13.4	68.7	16.1	125.8	29.6	130.5	30.7

（续表）

土　种	面积	等级1		等级2		等级3		等级4		等级5	
		面积	占总面积（%）	面积	占总面积（%）	面积	占总面积（%）	面积	占总面积（%）	面积	占总面积（%）
（6）厚层黏底草甸黑土	27.6	27.6	100.0	—	—	—	—	—	—	—	—
（7）中层黏底草甸黑土	191.9	81.6	42.5	22.9	11.9	52.7	27.5	29.80	15.5	34.7	18.1
（8）薄层黏底草甸黑土	171.2	15.5	9.1	11.8	6.9	11.8	6.9	28.9	16.9	103.2	60.3
四、草甸土类	3 574.2	593.9	16.6	237	6.6	1 074.1	30.1	1 093.7	30.6	575.5	16.1
（1）厚层沟谷草甸土	369.2	67.8	18.4	1.6	0.4	77.3	20.9	210.8	57.1	11.7	3.2
（2）中层沟谷草甸土	1 465.9	46.2	3.2	162.7	11.1	360.7	24.6	460.1	31.4	436.2	29.8
（3）薄层沟谷草甸土	32.4	32.4	100.0	—	—	—	—	—	—	—	—
（4）厚层平地草甸土	15.5	4.3	27.7	0.6	3.9	4.7	30.3	—	—	5.9	38.1
（5）中层平地草甸土	224.5	125.8	56.0	12.5	5.6	57.1	25.4	29.1	13.0	—	—
（6）薄层平地草甸土	316.5	97.1	30.7	—	—	8.5	2.7	89.2	28.2	121.7	38.5
（7）薄层平地白浆化草甸土	82.5	64.8	78.5			2.8	3.4	14.9	18.1		
（8）厚层沟谷白浆化草甸土	26.5	—	—			19.1	72.1	7.4	27.9		
（9）厚层沟谷沼泽化草甸土	1 041.2	155.5	14.9	59.6	5.7	543.9	52.2	282.2	27.1	—	—
五、沼泽土类	215.7	66.9	31.0	35.8	16.6	66.5	30.8	43.1	20.0	3.4	1.6
（1）中层沟谷泥炭沼泽土	198.7	54	27.2	31.7	16.0	66.5	33.5	43.1	21.7	3.4	1.7
（2）中层沟谷泥炭腐殖质沼土	17	12.9	75.9	4.1	24.1	—	—	—	—		
六、水稻土类	26.6	—	—	9.5	35.7	—	—	17.1	64.3		
厚层平地草甸土型水稻土	26.6	—	—	9.5	35.7	—	—	17.1	64.3		

九、土壤有效铜

（一）各乡镇土壤有效铜含量

此次调查化验市区土壤有效铜养分最大值是 5.69mg/kg，最小值是 0.13mg/kg，平均值是 2.80mg/kg（表2-79）。

表2-79　土壤有效铜含量统计　　　　　　　　　　（单位：mg/kg）

乡　镇	最大值	最小值	平均值
市　区	5.69	0.13	2.8
种畜场	4.94	0.13	2.77
红旗镇	5.69	1.59	2.91
万宝河镇	4.56	2.69	3.33

（二）市区土壤有效铜统计

此次调查化验分析各土类土壤有效铜养分如下。

暗棕壤类有效铜含量平均值 2.8mg/kg，白浆土类有效铜含量平均 2.92mg/kg，黑土类有效铜含量平均 2.74mg/kg，草甸土类有效铜含量平均 2.87mg/kg，沼泽土类有效铜含量平均 2.77mg/kg，水稻土类有效铜含量平均 3.61mg/kg（表2-80）。

表2-80　耕地土壤有效铜含量统计

（单位：mg/kg）

土壤类型	最大值	最小值	平均值	第二次土壤普查		
				最大值	最小值	平均值
合　计	5.69	0.13	2.80	无第二次土壤普查数据		
一、暗棕壤类	4.94	1.24	2.81	—	—	—
（1）砾石底暗棕壤	4.94	1.24	2.82	—	—	—
（2）白浆化暗棕壤	2.79	1.85	2.52	—	—	—
（3）原始暗棕壤	2.78	2.76	2.77	—	—	—
二、白浆土类	4.56	1.77	2.92	—	—	—
（1）厚层岗地白浆土	4.56	1.77	2.97	—	—	—
（2）中层岗地白浆土	4.56	2.04	2.82	—	—	—
三、黑土类	5.69	1.26	2.74	—	—	—
（1）厚层砾石底黑土	2.92	2.79	2.86	—	—	—
（2）薄层黏底黑土	4.8	1.26	2.62	—	—	—
（3）薄层砾石底白浆化黑土	2.06	1.42	1.84	—	—	—
（4）薄层黏底白浆化黑土	4.84	1.28	2.96	—	—	—
（5）中层黏底白浆化黑土	3.86	1.34	2.7	—	—	—
（6）厚层黏底草甸黑土	5.69	2.08	3.73	—	—	—
（7）中层黏底草甸黑土	5.69	1.65	2.78	—	—	—
（8）薄层黏底草甸黑土	5.69	2.08	3.73	—	—	—
四、草甸土类	5.69	0.13	2.87	—	—	—
（1）厚层沟谷草甸土	3.99	2.26	3.3	—	—	—
（2）中层沟谷草甸土	4.84	1.42	2.82	—	—	—
（3）薄层沟谷草甸土	2.79	2.79	2.79	—	—	—
（4）厚层平地草甸土	3.88	2.04	2.59	—	—	—
（5）中层平地草甸土	5.4	2.22	2.91	—	—	—
（6）薄层平地草甸土	5.69	1.91	3.9	—	—	—
（7）薄层平地白浆化草甸土	4.02	1.59	2.55	—	—	—
（8）厚层沟谷白浆化草甸土	2.81	2	2.4	—	—	—

（续表）

土壤类型	最大值	最小值	平均值	第二次土壤普查		
				最大值	最小值	平均值
（9）厚层沟谷沼泽化草甸土	4.75	0.13	2.73	—	—	—
五、沼泽土类	3.98	1.42	2.77	—	—	—
（1）中层沟谷泥炭沼泽土	3.98	1.42	2.44	—	—	—
（2）中层沟谷泥炭腐殖质沼泽土	3.86	3.15	3.71	—	—	—
六、水稻土类	4.3	2.92	3.61	—	—	—
厚层平地草甸土型水稻土	4.3	2.92	3.61	—	—	—

（三）土壤有效铜分级面积情况

按照黑龙江省土壤有效铜分级标准，市区有效铜养分 1 级耕地面积 12 636.7hm²，占总耕地面积的 91.4%；有效铜养分 2 级耕地面积 1 182.1hm²，占总耕地面积的 8.6%，见表 2-81。

表 2-81　各乡镇耕地土壤有效铜分级面积统计　　　　　（单位：hm²）

乡镇	面积	1 级		2 级		3 级		4 级		5 级	
		面积	占总面积（%）	面积	占总面积（%）	面积	占总面积（%）	面积	占总面积（%）	面积	占总面积（%）
合　计	13 818.9	4 416.6	32.0	1 268.4	9.1	—	—	5.89	—	—	—
种畜场	11 465.7	2 178	19.0	1 153.8	10.0	—	—	5.89	—	—	—
红旗镇	1 934.9	1 820.3	94	114.6	6	—	—	—	—	—	—
万宝河镇	418.3	418.3	100	—	—	—	—	—	—	—	—

（四）市区耕地土类有效铜分级面积情况

此次地力评价调查各类土壤有效铜养分面积如下。

暗棕壤类：有效铜养分 1 级耕地面积 2 365.1hm²，占该土类耕地面积的 87.1%；有效铜养分 2 级耕地面积 350.8hm²，占该土类耕地面积的 12.9%。

白浆土类：有效铜养分 1 级耕地面积 741.4hm²，占该土类耕地面积的 99.2%；有效铜养分 2 级耕地面积 5.7hm²，占该土类耕地面积的 0.8%。

黑土类：有效铜养分 1 级耕地面积 6 002.1hm²，占该土类耕地面积的 91.8%；有效铜养分 2 级耕地面积 537.2hm²，占该土类耕地面积的 8.2%。

草甸土类：有效铜养分 1 级耕地面积 3 300.9hm²，占该土类耕地面积的 92.4%；有效铜养分 2 级耕地面积 273.3hm²，占该土类耕地面积的 7.6%。

沼泽土类：有效铜养分 1 级耕地面积 200.6hm²，占该土类耕地面积的 93%；有效铜养分 2 级耕地面积 15.1hm²，占该土类耕地面积的 7.0%。

水稻土类：有效铜养分 1 级耕地面积 26.6hm²，占该土类耕地面积的 100%，见表 2-82。

表 2-82　耕地土壤有效铜分级面积统计　　　　　　　（单位：hm²）

土　种	面积	等级 1		等级 2		等级 3		等级 4		等级 5	
		面积	占总面积（%）	面积	占总面积（%）	面积	占总面积（%）	面积	占总面积（%）	面积	占总面积（%）
合　计	13 818.8	12 636.7	91.4	1 182.1	8.6	—	—	—	—	—	—
一、暗棕壤类	2 715.9	2 365.1	87.1	350.8	12.9	—	—	—	—	—	—
(1) 砾石底暗棕壤	2 592.2	2 241.4	86.5	350.8	13.5	—	—	—	—	—	—
(2) 白浆化暗棕壤	121	121	100.0	—	—	—	—	—	—	—	—
(3) 原始暗棕壤	2.7	2.7	100.0	—	—	—	—	—	—	—	—
二、白浆土类	747.1	741.4	99.2	5.7	0.8	—	—	—	—	—	—
(1) 厚层岗地白浆土	396.2	390.5	98.6	5.7	1.4	—	—	—	—	—	—
(2) 中层岗地白浆土	350.9	350.9	100.0	—	—	—	—	—	—	—	—
三、黑土类	6 539.3	6 002.1	91.8	537.2	8.2	—	—	—	—	—	—
(1) 厚层砾石底黑土	14.5	14.5	100.0	—	—	—	—	—	—	—	—
(2) 薄层黏底黑土	4 004.6	3 698	92.3	306.6	7.7	—	—	—	—	—	—
(3) 薄层砾石底白浆化黑土	79.4	46.7	58.8	32.7	41.2	—	—	—	—	—	—
(4) 薄层黏底白浆化黑土	1 432.1	1 273.9	89.0	158.2	11.0	—	—	—	—	—	—
(5) 中层黏底白浆化黑土	398.2	377.3	94.8	20.9	5.2	—	—	—	—	—	—
(6) 厚层黏底草甸黑土	27.6	27.6	100.0	—	—	—	—	—	—	—	—
(7) 中层黏底草甸黑土	411.7	392.9	95.4	18.8	4.6	—	—	—	—	—	—
(8) 薄层黏底草甸黑土	171.2	171.2	100.0	—	—	—	—	—	—	—	—
四、草甸土类	3 574.2	3 300.9	92.4	273.3	7.6	—	—	—	—	—	—
(1) 厚层沟谷草甸土	373.2	373.2	100.0	—	—	—	—	—	—	—	—
(2) 中层沟谷草甸土	1 455.3	1 357.8	93.3	97.5	6.7	—	—	—	—	—	—
(3) 薄层沟谷草甸土	32.3	32.3	100.0	—	—	—	—	—	—	—	—
(4) 厚层平地草甸土	11.2	11.2	100.0	—	—	—	—	—	—	—	—
(5) 中层平地草甸土	244.2	244.2	100.0	—	—	—	—	—	—	—	—
(6) 薄层平地草甸土	256.5	256.5	100.0	—	—	—	—	—	—	—	—
(7) 薄层平地白浆化草甸土	87.1	83.5	95.9	3.6	4.1	—	—	—	—	—	—
(8) 厚层沟谷白浆化草甸土	26.8	26.8	100.0	—	—	—	—	—	—	—	—
(9) 厚层沟谷沼泽化草甸土	1 087.6	915.4	84.2	172.2	15.8	—	—	—	—	—	—
五、沼泽土类	215.7	200.6	93.0	15.1	7.0	—	—	—	—	—	—
(1) 中层沟谷泥炭沼泽土	198.8	183.7	92.4	15.1	7.6	—	—	—	—	—	—
(2) 中层沟谷泥炭腐殖质沼土	16.9	16.9	100.0	—	—	—	—	—	—	—	—
六、水稻土类	26.6	26.6	100.0	—	—	—	—	—	—	—	—
厚层平地草甸土型水稻土	26.6	26.6	100.0	—	—	—	—	—	—	—	—

十、土壤有效锰

（一）各乡镇土壤有效锰含量

此次调查七台河市区耕地土壤有效锰养分最大值 170.0mg/kg，最小值 10.6mg/kg，平均值 66.6mg/kg（表 2-83）。

表 2-83　土壤有效锰含量统计　　　　　　　　　　（单位：mg/kg）

乡　镇	最大值	最小值	平均值
市　区	170	10.6	66.6
种畜场	170	10.6	67
红旗镇	93.8	27.4	62.6
万宝河镇	88	37.1	70.1

（二）市区土壤类型有效锰统计

市区耕地不同土壤类型有效锰养分含量如下。

暗棕壤类土壤有效锰养分含量平均 66.4mg/kg，白浆土类土壤有效锰养分含量平均 64.6mg/kg，黑土类土壤有效锰养分含量平均 61.7mg/kg 草甸土类土壤有效锰养分含量平均 66.1mg/kg，沼泽土类土壤有效锰养分含量平均 57.4mg/kg，水稻土类土壤有效锰养分含量平均 67.0mg/kg，见表 2-84。

表 2-84　耕地土壤有效锰含量统计　　　　　　　　　（单位：mg/kg）

土壤类型	最大值	最小值	平均值	第二次土壤普查 最大值	最小值	平均值
合　计	170	10.6	66.6	无第二次土壤普查数据		
一、暗棕壤类	123	16.2	66.4	—	—	—
（1）砾石底暗棕壤	123	16.2	65.7	—	—	—
（2）白浆化暗棕壤	73	49.9	66.7	—	—	—
（3）原始暗棕壤	73	64.1	66.7	—	—	—
二、白浆土类	88	41.7	64.6	—	—	—
（1）厚层岗地白浆土	88	41.7	61.6	—	—	—
（2）中层岗地白浆土	88	67.6	67.6	—	—	—
三、黑土类	170	36	61.7	—	—	—
（1）厚层砾石底黑土	63.4	58	60.7	—	—	—
（2）薄层黏底黑土	170	39.9	66.9	—	—	—
（3）薄层砾石底白浆化黑土	77.8	39.9	55	—	—	—
（4）薄层黏底白浆化黑土	170	45.6	69.6	—	—	—
（5）中层黏底白浆化黑土	84	36	64	—	—	—
（6）厚层黏底草甸黑土	63.3	53.6	57.6	—	—	—

（续表）

土壤类型	最大值	最小值	平均值	第二次土壤普查		
				最大值	最小值	平均值
（7）中层黏底草甸黑土	71	39	56	—	—	—
（8）薄层黏底草甸黑土	80.9	52.3	64.1	—	—	—
四、草甸土类	167.3	70	66.1	—	—	—
（1）厚层沟谷草甸土	95.1	57.2	67	—	—	—
（2）中层沟谷草甸土	116.4	10.6	70.4	—	—	—
（3）薄层沟谷草甸土	70	70	70	—	—	—
（4）厚层平地草甸土	75.8	58.7	64.5	—	—	—
（5）中层平地草甸土	88.9	32.3	56.1	—	—	—
（6）薄层平地草甸土	93.8	40.8	63.1	—	—	—
（7）薄层平地白浆化草甸土	69	27.4	52.3	—	—	—
（8）厚层沟谷白浆化草甸土	90.9	51.5	77.1	—	—	—
（9）厚层沟谷沼泽化草甸土	167.3	32.3	74.1	—	—	—
五、沼泽土类	80	42.3	57.4	—	—	—
（1）中层沟谷泥炭沼泽土	80	42.3	58.5	—	—	—
（2）中层沟谷泥炭腐殖质沼泽土	78	47	56.3	—	—	—
六、水稻土类	69.3	64.7	67	—	—	—
厚层平地草甸土型水稻土	69.3	64.7	67	—	—	—

（三）土壤有效锰分级面积

按照黑龙江省土壤有效锰分级标准，七台河市区耕地土壤有效锰含量养分 1 级耕地面积 13 798.7hm²，占总耕地面积的 99.9%；有效锰养分 2 级耕地面积 20.2hm²，占总耕地面积的 0.1%，见表 2-85。

表 2-85　各乡镇耕地土壤有效锰分级面积统计　　　　　　　　　（单位：hm²）

乡　镇	面积	1 级		2 级		3 级		4 级		5 级	
		面积	占总面积（%）	面积	占总面积（%）	面积	占总面积（%）	面积	占总面积（%）	面积	占总面积（%）
合　计	13 818.9	13 799.7	99.9	19.25	0.1	—	—	—	—	—	—
种畜场	11 465.7	11 446.6	99.8	19.25	0.2	—	—	—	—	—	—
红旗镇	1 934.9	1 934.9	100	—	—	—	—	—	—	—	—
万宝河镇	418.3	418.2	100	—	—	—	—	—	—	—	—

（四）区市耕地土类有效锰分级面积情况

此次地力评价调查各类土壤有效锰养分面积如下。

暗棕壤类：有效锰养分 1 级耕地面积 2 715.9hm²，占该土类耕地面积的 100%。

白浆土类：有效锰养分 1 级耕地面积 747.1hm²，占该土类耕地面积的 100%。

黑土类：有效锰养分 1 级耕地面积 6 539.3hm²，占该土类耕地面积的 100%。

草甸土类：有效锰养分 1 级耕地面积 3 554.0hm²，占该土类耕地面积的 99.4%；有效锰养分 2 级耕地面积 20.2hm²，占该土类耕地面积的 0.6%。

沼泽土类：有效锰养分 1 级耕地面积 8 837.5hm²，占该土类耕地面积的 84.8%；有效锰养分 2 级耕地面积 1 202.3hm²，占该土类耕地面积的 11.5%；有效锰养分 3 级耕地面积 222.7hm²，占该土类耕地面积的 2.1%；有效锰养分 4 级耕地面积 80.3hm²，占该土类耕地面积的 0.8%；有效锰养分 5 级耕地面积 80.3hm²，占该土类耕地面积的 0.8%。

泥炭土类：有效锰养分 1 级耕地面积 215.7hm²，占该土类耕地面积的 100%。

水稻土类：有效锰养分 1 级耕地面积 26.6hm²，占该土类耕地面积的 100%（表 2-86）。

表 2-86 耕地土壤有效锰分级面积统计 （单位：hm²）

土 种	面积	等级 1		等级 2		等级 3		等级 4		等级 5	
		面积	占总面积（%）	面积	占总面积（%）	面积	占总面积（%）	面积	占总面积（%）	面积	占总面积（%）
合　计	13 818.9	13 798.7	99.9	20.2	0.1	—	—	—	—	—	—
一、暗棕壤类	2 715.9	2 715.9	100.0	—	—	—	—	—	—	—	—
（1）砾石底暗棕壤	2 593.2	2 592.3	100.0	—	—	—	—	—	—	—	—
（2）白浆化暗棕壤	120.9	120.9	100.0	—	—	—	—	—	—	—	—
（3）原始暗棕壤	2.7	2.7	100.0	—	—	—	—	—	—	—	—
二、白浆土类	747.1	747.1	100.0	—	—	—	—	—	—	—	—
（1）厚层岗地白浆土	412.2	412.2	100.0	—	—	—	—	—	—	—	—
（2）中层岗地白浆土	334.9	334.9	100.0	—	—	—	—	—	—	—	—
三、黑土类	6 539.3	6 539.3	100.0	—	—	—	—	—	—	—	—
（1）厚层砾石底黑土	14.5	14.5	100.0	—	—	—	—	—	—	—	—
（2）薄层黏底黑土	4 004.6	4 004.6	100.0	—	—	—	—	—	—	—	—
（3）薄层砾石底白浆化黑土	79.4	79.4	100.0	—	—	—	—	—	—	—	—
（4）薄层黏底白浆化黑土	1 432.2	1 432.2	100.0	—	—	—	—	—	—	—	—
（5）中层黏底白浆化黑土	398.3	398.3	100.0	—	—	—	—	—	—	—	—
（6）厚层黏底草甸黑土	27.6	27.6	100.0	—	—	—	—	—	—	—	—
（7）中层黏底草甸黑土	411.6	411.6	100.0	—	—	—	—	—	—	—	—
（8）薄层黏底草甸黑土	171.1	171.1	100.0	—	—	—	—	—	—	—	—
四、草甸土类	3 574.2	3 554	99.4	20.2	0.6	—	—	—	—	—	—
（1）厚层沟谷草甸土	393.5	393.5	100.0	—	—	—	—	—	—	—	—
（2）中层沟谷草甸土	1 429.3	1 409.1	98.6	20.2	1.4	—	—	—	—	—	—
（3）薄层沟谷草甸土	32.4	32.4	100.0	—	—	—	—	—	—	—	—
（4）厚层平地草甸土	12.8	12.8	100.0	—	—	—	—	—	—	—	—
（5）中层平地草甸土	244.2	244.2	100.0	—	—	—	—	—	—	—	—

（续表）

土　种	面积	等级1 面积	占总面积(%)	等级2 面积	占总面积(%)	等级3 面积	占总面积(%)	等级4 面积	占总面积(%)	等级5 面积	占总面积(%)
（6）薄层平地草甸土	256.5	256.5	100.0	—		—		—		—	
（7）薄层平地白浆化草甸土	86.4	86.4	100.0	—		—		—		—	
（8）厚层沟谷白浆化草甸土	26.6	26.6	100.0	—		—		—		—	
（9）厚层沟谷沼泽化草甸土	1 093.5	1 093.5	100.0	—		—		—		—	
五、沼泽土类	215.7	215.7	100.0	—		—		—		—	
（1）中层沟谷泥炭沼泽土	198.8	198.8	100.0	—		—		—		—	
（2）中层沟谷泥炭腐殖质沼土	16.9	16.9	100.0	—		—		—		—	
六、水稻土类	26.6	26.6	100.0	—		—		—		—	
厚层平地草甸土型水稻土	26.6	26.6	100.0	—		—		—		—	

十一、土壤有效铁

（一）各乡镇土壤有效铁含量

此次调查化验分析了土壤有效铁含量情况，土壤有效铁最大值是245.7mg/kg，最小值是55.1mg/kg，平均值是133mg/kg。平均值较高的是种畜场（表2-87）。

表2-87　土壤有效铁含量统计　　　　（单位：mg/kg）

乡　镇	最大值	最小值	平均值
市　区	245.7	55.1	133
种畜场	245.7	55.1	135.3
红旗镇	241	65.1	120
万宝河镇	162.4	65.1	97.9

（二）市区土壤类型有效铁统计

此次调查化验分析各土类有效铁养分如下。

暗棕壤类有效铁含量平均值144.4mg/kg，白浆土类有效锌含量平均108.9mg/kg，黑土类有效锌含量平均126.4mg/kg 草甸土类有效锌含量平均133.1mg/kg，沼泽土类有效锌含量平均144.4mg/kg，水稻土类有效锌含量平均193.8mg/kg（表2-88）。

表2-88　耕地土壤有效铁含量统计　　　　（单位：mg/kg）

土壤类型	最大值	最小值	平均值	第二次土壤普查 最大值	最小值	平均值
合　计	245.7	55.1	133	无第二次土壤普查数据		
一、暗棕壤类	245.3	55.1	144.4	—	—	—
（1）砾石底暗棕壤	245.3	55.1	145.6	—	—	—

（续表）

土壤类型	最大值	最小值	平均值	第二次土壤普查		
				最大值	最小值	平均值
（2）白浆化暗棕壤	120.5	92.2	102.2	—	—	—
（3）原始暗棕壤	124.2	120.5	121.7	—	—	—
二、白浆土类	223.1	65.1	108.9	—	—	—
（1）厚层岗地白浆土	223.1	65.1	117.9	—	—	—
（2）中层岗地白浆土	127.8	65.1	88.6	—	—	—
三、黑土类	235.3	59.9	126.4	—	—	—
（1）厚层砾石底黑土	153.4	127.4	140.4	—	—	—
（2）薄层黏底黑土	189.1	61	121.5	—	—	—
（3）薄层砾石底白浆化黑土	139.7	98.6	113.8	—	—	—
（4）薄层黏底白浆化黑土	200.1	93.1	132.8	—	—	—
（5）中层黏底白浆化黑土	183.7	59.9	125.9	—	—	—
（6）厚层黏底草甸黑土	89.4	65.1	75.9	—	—	—
（7）中层黏底草甸黑土	235.3	83.6	148.5	—	—	—
（8）薄层黏底草甸黑土	197.2	71.7	136.4	—	—	—
四、草甸土类	245.7	69.9	133.1	—	—	—
（1）厚层沟谷草甸土	199.4	87	118.7	—	—	—
（2）中层沟谷草甸土	245.7	90.1	144.4	—	—	—
（3）薄层沟谷草甸土	95.9	95.9	95.9	—	—	—
（4）厚层平地草甸土	102.9	73.2	89.4	—	—	—
（5）中层平地草甸土	219.1	98.5	151.3	—	—	—
（6）薄层平地草甸土	197.2	83.6	137.1	—	—	—
（7）薄层平地白浆化草甸土	136.4	83.8	104.1	—	—	—
（8）厚层沟谷白浆化草甸土	189.1	96.3	124.9	—	—	—
（9）厚层沟谷沼泽化草甸土	208	69.9	124.5	—	—	—
五、沼泽土类	229	55.1	144.4	—	—	—
（1）中层沟谷泥炭沼泽土	183.7	55.1	129	—	—	—
（2）中层沟谷泥炭腐殖质沼泽土	229	175.8	188.6	—	—	—
六、水稻土类	194.9	192.7	193.8	—	—	—
厚层平地草甸土型水稻土	194.9	192.7	193.8	—	—	—

（三）土壤有效铁分级情况

按照黑龙江省土壤有效铁分级标准，市区土壤有效铁含量均大于黑龙江省土壤有效铁分级一级含量的标准，说明市区土壤有效铁含量丰富，属富铁地区。

十二、土壤 pH 值

各乡（镇）土壤 pH 值变化情况

此次调查耕地土壤 pH 值，最大值是 6.9，最小值是 4.7，pH 值范围 4.7~6.9（表 2-89）。

表 2-89　土壤 pH 值统计

乡　镇	最大值	最小值	pH 值范围
市　区	6.9	4.7	6.9~4.7
种畜场	6.7	4.7	6.7~4.7
红旗镇	6.9	5	6.9~5
万宝河镇	6.3	5.3	6.3~5.3

第二节　土壤物理状况

一、土壤容重

容重是指单位体积内自然干燥土壤的重量。容重小，说明土壤疏松，孔隙度大，便于保水保肥，通气良好。含量高的疏松土壤容重小于 $1g/cm^3$，熟化的耕层土壤，容重 1.0~1.1g/cm^3，板结的耕层 1.2~1.4g/cm^3。坚实的底土层，容重可达 1.4~1.6g/cm^3。

七台河市区耕层土壤容重平均值在 0.995~4.430g/cm^3，心土层容重平均值在 1.057~1.650g/cm^3，底土层容重平均值在 0.900~1.650g/cm^3。普遍的规律是亚表层较表层坚实，底土层又较亚表层容重大，但在白浆土的土体中亚表层容重高于表层也高于淀积层，有的白浆化土壤类型也有这个趋势。总之，市区土壤容重偏高，比较易板结。

二、土壤孔隙

土壤孔隙是指土粒与土粒间的间隙。由于它的存在才使土壤具有水、气、热和千差万别的变化，对农业生产影响极大。孔隙体积占土壤体积的百分比为总孔隙度，一般疏松的土壤孔隙度大于 70%，耕层孔隙度 50%~60%；板结的土壤耕层孔隙度小于 50%。市区表层土壤总孔隙度除了厚层平地草甸化白浆土平均值在 47% 以外，其他土壤均达到 50% 以上。土类中总孔隙度最高的是草甸土类，平均为 58.85%，依次是黑土平均为 58.46%，白浆土平均为 54.08%，暗棕壤平均为 56.72%。亚表层总孔隙度在 38%~68.89%，第三层总孔隙度在 37.11%~67%。总之，市区土壤总孔隙度是比较适宜的。

第五章　耕地地力评价

第一节　耕地地力评价的基本原理

耕地地力是耕地自然要素相互作用所表现出来的潜在生产能力。耕地地力评价大体可分为以气候要素为主的潜力评价和以土壤要素为主的潜力评价。在一个较小的区域范围内（县域），气候要素相对一致，耕地地力评价可以根据所在区域的地形地貌、成土母质、土壤理化性状、农田基础设施等要素相互作用表现出来的综合特征，揭示耕地综合生产力的高低。

耕地地力评价可用 2 种表达方法：一种是用单位面积产量来表示，其关系式为：

$$Y=b_0+b_1x_1+b_2x_2+\cdots+b_nx_n。$$

式中：Y=单位面积产量。

x_1=耕地自然属性（参评因素）。

b_1=该属性对耕地地力的贡献率（解多元回归方程求得）。

单位面积产量表示法的优点是一旦上述函数关系建立，就可以根据调查点自然属性的数值直接估算要素，单位面积产量还因农民的技术水平、经济能力的差异而产生很大的变化。如果耕种者技术水平比较低或者主要精力放在外出务工，肥沃的耕地实际产量不一定高；如果耕种者具有较高的技术水平，并采用精耕细作的农事措施，自然条件较差的耕地上仍然可获得较高的产量。因此，上述关系理论上成立，实践上却难以做到。

耕地地力评价的另一种表达方法，是用耕地自然要素评价的指数来表示，其关系式为：

$$IFI=b_1x_1+b_2x_2+\cdots+b_nx_n。$$

式中：IFI=耕地地力指数。

x_1=耕地自然属性（参评因素）。

b_1=该属性对耕地地力的贡献率（层次分析方法或专家直接评估求得）。

根据 IFI 的大小及其组成，不仅可以了解耕地地力的高低，而且可以揭示影响耕地地力的障碍因素及其影响程度。采用合适的方法，也可以将 IFI 值转换为单位面积产量，更直观地反映耕地的地力。

第二节　耕地地力评价的原则和依据

本次耕地地力评价是一般性目的的评价，根据所在地区特定气候区域以及地形地貌、成土母质、土壤理化性状、农田基础设施等要素相互作用表现出来的综合特征，揭示耕地潜在生产能力的高低。通过耕地地力评价，可以全面了解七台河市区的耕地质量现状，合理调整农业结构；生产无公害农产品、绿色食品、有机食品；针对耕地土壤存在的障碍因素，改造中低产田，保护耕地质量，提高耕地的综合生产能力；建立耕地资源数据网络，对耕地质量实行有效的管理等等提供科学依据。

耕地地力评价是对耕地的基础地力及其生产能力的全面鉴定，因此，在评价时我们遵循以下 3 个原则。

一、综合因素研究主导因素分析相结合的原则

耕地地力是各类要素的综合体现，综合因素研究是对地形地貌、土壤理化性状以及相关的社会经济因素进行综合研究、分析与评价，全面了解耕地地力状况。主导因素是指对耕地地力起决定作用的，相对稳定的因子，在评价中要着重对其进行研究分析。

二、定性与定量相结合的原则

影响耕地地力有定性的和定量的因素，评价时，必须把定量和定性评价结合起来。可定量的评价因子按其数值参与计算评价；对非数量化的定性因子要充分应用专业知识，先进行数值化处理，再进行计算评价。

三、采用 GIS 支持的自动化评价方法的原则

充分应用计算机技术，通过建立数据库、评价模型，实现评价流程的全部数字化、自动化。

第三节　利用《县域耕地资源信息系统》进行地力评价

一、确定评价单元

耕地评价单元是由耕地构成因素组成的综合体。这次我们根据《全国耕地地力调查与质量评价技术规程》的要求，采用综合方法确定评价单元，即用 1:5 万的土壤图、土地利用现状图，先数字化，再在计算机上叠加复合生成评价单元图斑，然后进行综合取舍，形成评价单元。这种方法的优点是考虑全面，综合性强，同一评价单元内土壤类型相同、土地利用类型相同，既满足了对耕地地力和质量作出评价，又便于耕地利用与管理。这次市区调查共确定形成 2 768 个评价单元，总面积 13 818.9hm²。

（一）确定评价单元方法

（1）以土壤图为基础，将农业生产影响一致的土壤类型归并在一起成为一个评价单元。

（2）以耕地类型图为基础确定评价单元。

（3）以土地利用现状图为基础确定评价单元。

（4）采用网格法确定评价单元。

（二）评价单元数据获取

采取将评价单元与各专题图件叠加采集各参评因素的信息，具体的方法是：按唯一标志原则为评价单元编码；生成评价信息空间库和属性数据库；从图形库中调出评价因子的专题图，与评价单元图进行叠加；保持评价单元几何形状不变，直接对叠加后形成的图形的属性库进行操作，以评价单元为基本统计单位，按面积加权平均汇总评价单元各评价因素的值。由此，得到图形与属性相连，以评价单元为基本单位的评价信息。

根据不同类型数据的特点，我们采取以下几种途径为评价单元获取数据。

（1）点位数据。对于点位分布图，先进行插值形成栅格图，与评价单元图叠加后采用加权统计的方法给评价单元赋值。如土壤有效磷点位图、速效钾点位图等。

（2）矢量图。对于矢量图，直接与评价单元图叠加，再采用加权统计的方法为评价单元赋值。对于土壤质地、容重等较稳定的土壤理化形状，可用一个乡镇范围内同一个土种的平均值直接为评价单元赋值。

（3）等值线图。对于等值线图，先采用地面高程模型生成栅格图，再与评价单元图叠加后采用分区统计的方法给评价单元赋值。

二、确定评价指标

耕地地力评价实质是评价地形地貌、土壤理化性状等自然要素对农作物生长限制程序的强弱。选取评价指标时我们遵循以下几个原则。

（1）选取的指标对耕地地力有比较大的影响，如地形部位、地貌类型等。

（2）选取的指标在评价区域内的变异较大，便于划分耕地地力的等级。

（3）选取的评价指标在时间序列上具有相对的稳定性，如含量等，评价的结果能够有较长的有效期。

（4）选取评价指标与评价区域的大小有密切的关系。

结合本地的土壤条件、农田地基础设施状况、当前农业生产中耕地存在的突出问题等，并参照《全国耕地地力调查和质量评价技术规程》中所确定的 64 项指标体系，结合市区实际情况最后确定了选取 3 个准则，11 项指标：pH 值、地形部位、地貌类型、有效磷、有效锌、速效钾、障碍层类型、有机质、坡度、坡向、质地（表 2-90、表 2-91）。

表 2-90　全国耕地地力评价指标体系

码	要素名称	代码	要素名称
	气候		耕层理化性状
AL101000	≥10℃积温	AL401000	质地
AL102000	≥10℃积温	AL402000	容重
AL103000	年降水量	AL403000	pH 值
AL104000	全年日照时数	AL404000	阳离子代换量（CEC）
AL105000	光能辐射总量		耕层养分状况
AL106000	无霜期	AL501000	有机质
AL107000	干燥度	AL502000	全氮
	立地条件	AL503000	有效磷

码	要素名称	代码	要素名称
AL201000	经度	AL504000	速效钾
AL202000	纬度	AL505000	缓效钾
AL203000	高程	AL506000	有效锌
AL204000	地貌类型	AL507000	水溶态硼
AL205000	地形部位	AL508000	有效钼
AL206000	坡度	AL509000	有效铜
AL207000	坡向	AL501000	有效硅
AL208000	成土母质	AL501100	有效锰
AL209000	土壤侵蚀类型	AL501200	有效铁
AL201000	土壤侵蚀程度	AL501300	交换性钙
AL201100	林地覆盖率	AL501400	交换性镁
AL201200	地面破碎情况		障碍因素
AL201300	地表岩石露头状况	AL601000	障碍层类型
AL201400	地表砾石度	AL602000	障碍层出现位置
AL201500	田面坡度	AL603000	障碍层厚度
	剖面性状	AL604000	耕层含盐量
AL301000	剖面构型	AL605000	1m 土层含盐量
AL302000	质地构型	AL606000	盐化类型
AL303000	有效土层厚度	AL607000	地下水矿化度
AL304000	耕层厚度		土壤管理
AL305000	腐殖层厚度	AL701000	灌溉保证率
AL306000	田间持水量	AL702000	灌溉模数
AL307000	旱季地下水位	AL703000	抗旱能力
AL308000	潜水埋深	AL704000	排涝能力
AL309000	水型	AL705000	排涝模数
		AL706000	轮作制度
		AL707000	梯田化水平
		AL708000	设施类型（蔬菜地）

表 2-91　七台河市区地力评价指标

评价准则	评价指标
1. 立地条件	①坡向 ②地形部位 ③地貌类型 ④坡度
2. 养分状况	①有效磷 ②有效锌 ③速效钾

（续表）

评价准则	评价指标
3. 剖面性状	①质地 ②有机质 ③pH 值 障碍层类型

每一个指标的名称、释义、量纲、上下限等定义如下。

（1）有机质。反映耕地土壤耕层（0~20cm）含量的指标，属数值型，量纲表示为克/千克（g/kg）。

（2）有效磷。反映耕地土壤耕层（0~20cm）供磷能力的强度水平的指标，属数值型，量纲表示为毫克/千克（mg/kg）。

（3）速效钾。反映耕地土壤耕层（0~20cm）供钾能力的强度水平的指标，属数值型，量纲表示为毫克/千克（mg/kg）。

（4）有效锌。反映耕地土壤耕层（0~20cm）供锌能力的强度水平的指标，属数值型，量纲表示为毫克/千克（mg/kg）。

（5）pH 值。反映土壤耕层（0~20cm）酸碱强度水平的指标，属数值型，无量纲。

（6）地貌类型。反映地表外貌各种形态的指标，属概念型，无量纲。

（7）质地。反应土壤中不同粒径相对含量的粗细度的指标，属于概念型，无量纲。

（8）地形部位。反映土壤所处不同地形部位的物理性指标，属概念型，无量纲。

（9）障碍层类型。反映影响作物生长的土壤层次的种类的指标，属概念型，无量纲。

（10）坡度。反映山坡的倾斜角度的指标，属数值型，量纲为度。

（11）坡向。反映地表坡面所对的方向，属文本型，无量纲。

三、评价单元赋值

根据各评价因子的空间分布图或属性数据库，将各评价因子数据赋值给评价单元，主要采取以下方法。

（1）对点位数据，如碱解氮、有效磷、速效钾等，采用插值的方法形成栅格图与评价单元图叠加，通过统计给评价单元赋值。

（2）对矢量分布图，如耕层厚度、土壤侵蚀程度、地形部位等，直接与评价单元图叠加，通过加权统计、属性提取，给评价单元赋值。

四、评价指标的标准化

所谓评价指标标准化就是要对每一个评价单元不同数量级、不同量纲的评价指标数据进行 0—1 化。数值型指标的标准化，采用数学方法进行处理；概念型指标标准化先采用专家经验法，对定性指标进行数值化描述，然后进行标准化处理。

模糊评价法是数值标准化最通用的方法。它是采用模糊数学的原理，建立起评价指标值与耕地生产能力的隶属函数关系，其数学表达式 $\mu = f(x)$。μ 是隶属度，这里代表生产能力；x 代表评价指标值。根据隶属函数关系，可以对于每个 x 算出其对应的隶属度 μ，是

0→1 中间的数值。在这次评价中，我们将选定的评价指标与耕地生产能力的关系分为戒上型函数、戒下型函数、峰型函数、直线型函数以及概念型 5 种类型的隶属函数。前 4 种类型可以先通过专家打分的办法对一组评价单元值评估出相应的一组隶属度，根据这两组数据拟合隶属函数，计算所有评价单元的隶属度；后一种是采用专家直接打分评估法，确定每一种概念型的评价单元的隶属度。

（一）评价指标评分标准

用 1—9 定为 9 个等级打分标准，1 表示同等重要，3 表示稍微重要，5 表示明显重要，7 表示强烈重要，9 极端重要。2、4、6、8 处于中间值。不重要按上述轻重倒数相反。

（二）各个评价指标隶属函数的建立

1. 地形部位

地形部位专家评估（表 2-92）。

表 2-92　地形部位专家评估

地形部位	低平地	岗地	平地	上部陡坡	洼地	中上部	中部
隶属度	0.9	0.8	1.0	0.30	0.10	0.40	0.5

2. 坡度

（1）坡度专家评估（表 2-93）。

表 2-93　坡度专家评估

坡　度	0	3.00	5.00	8.00	15.00	25.00
隶属度	1.00	0.92	0.78	0.58	0.35	0.15

（2）坡度隶属函数拟合（图 2-15）。

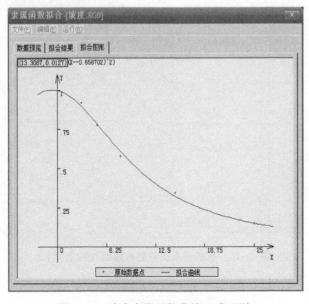

图 2-15　坡度隶属函数曲线（戒下型）

3. 质地

质地专家评估（表2-94）。

表2-94 质地专家评估

质地	轻壤土	轻黏土	中壤土	中黏土	重壤土
隶属度	0.5	0.70	0.85	0.30	1.0

4. 地貌类型

地貌类型专家评估（表2-95）。

表2-95 地貌类型专家评估

地貌类型	波状平原	低山	低山丘陵	河谷平原	平原	丘陵
隶属度	0.9	0.30	0.40	0.80	1.0	0.60

5. 有机质

（1）有机质专家评估（表2-96）。

表2-96 有机质专家评估

	10	20	30	40	50	60
隶属度	0.35	0.48	0.68	0.85	0.95	1

（2）有机质隶属函数拟合（图2-16）。

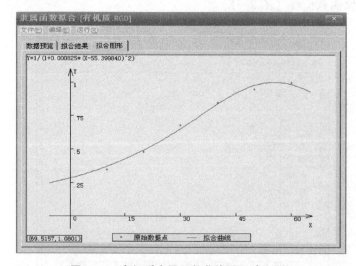

图2-16 有机质隶属函数曲线图（戒上型）

6. 有效磷

（1）有效磷专家评估（表2-97）。

表 2-97　有效磷专家评估

有效磷	5	10	20	30	40	50	60	80
隶属度	0.28	0.32	0.42	0.55	0.68	0.83	0.95	1

（2）有效磷隶属函数拟合（图 2-17）。

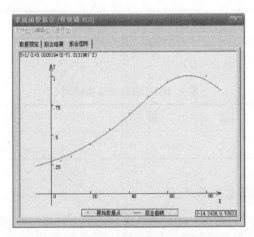

图 2-17　土壤有效磷隶属函数曲线图（戒上型）

7. pH 值

（1）pH 值隶属函数拟合（表 2-98）。

表 2-98　pH 值隶属函数拟合

pH 值	4.6	5	5.4	5.8	6.2	6.6	7
隶属度	0.4	0.52	0.65	0.78	0.88	0.95	1

（2）pH 值隶属函数拟合（图 2-18）。

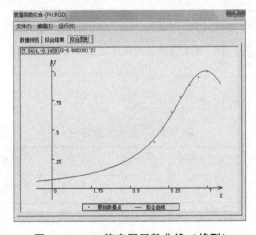

图 2-18　pH 值隶属函数曲线（蜂型）

8. 障碍层类型

障碍层类型专家评估（表2-99）。

表2-99　障碍层类型专家评估

障碍层类型	白浆层	潜育层	沙砾层	黏盘层
隶属度	0.85	0.70	0.30	1.0

9. 速效钾

（1）速效钾专家评估（表2-100）。

表2-100　速效钾专家评估

速效钾	50	100	150	200	250	300	350
隶属度	0.35	0.45	0.62	0.76	0.9	0.96	1

（2）速效钾隶属函数拟合（图2-19）。

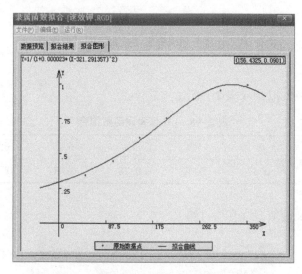

图2-19　土壤速效钾隶属函数曲线图（戒上型）

10. 坡向

坡向专家评估（表2-101）。

表2-101　坡向专家评估

坡向	东南	平地	西北	西南	正北	正东	正南	正西
隶属度	0.8	1	0.35	0.9	0.1	0.5	0.95	0.7

11. 有效锌

（1）有效锌专家评估（表2-102）。

表 2-102　有效锌专家评估

有效锌	0.2	0.5	1	1.5	2	2.5	3
隶属度	0.4	0.5	0.64	0.76	0.86	0.94	1

（2）有效锌隶属函数拟合（图 2-20）

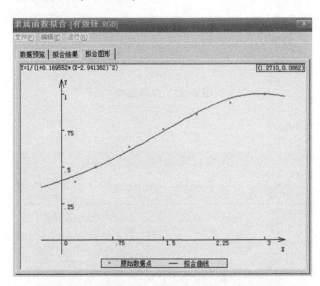

图 2-20　土壤有效锌隶属函数曲线图（戒上型）

（三）权重打分

1. 总体评价准则权重打分（图 2-21）

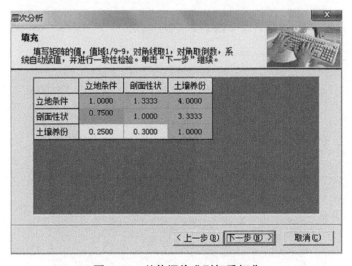

图 2-21　总体评价准则权重打分

2. 评价指标分项目权重打分

立地条件（图 2-22）。

图 2-22　立地条件

养分状况（图 2-23）。

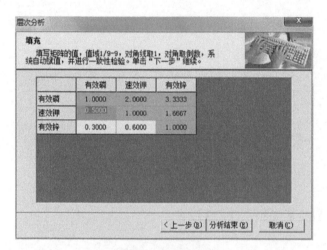

图 2-23　养分状况

理化性状（图 2-24）。

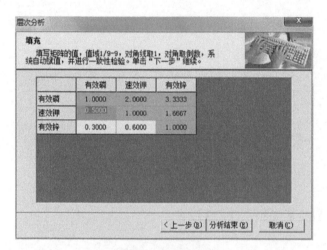

图 2-24　理化性状

================层次分析报告==================

模型名称：七台河市区耕地地力评价层次分析模型。

计算时间：2011/12/13 21：27：19

------------------构造层次模型---------------------

```
      目标层→            ┌───┐
                        │ 1 │
                        └───┘
                          │
           ┌──────────────┼──────────────┐
      准则层→  ┌──────┐    ┌──────┐    ┌──────┐
           │立地条件│    │理化性状│    │土壤养分│
           └──────┘    └──────┘    └──────┘
              │           │           │
      指标层→ ┌──────┐    ┌──────┐    ┌──────┐
           │地貌类型│    │pH值  │    │有效磷 │
           │地形部位│    │有机质 │    │速效钾 │
           │障碍层类型│   │质地  │    │有效锌 │
           │地向  │    │      │    │      │
           │坡度  │    │      │    │      │
           └──────┘    └──────┘    └──────┘
```

目标层判别矩阵原始资料。

1.0000	2.0000	3.3333
0.5000	1.0000	2.0000
0.3000	0.5000	1.0000

特征向量：[0.5511，0.2931，0.1558]

最大特征根为：3.0037

$CI = 1.84627011478367E-03$

$RI = .58$

$CR = CI/RI = 0.00318322 < 0.1$

一致性检验通过！

准则层（1）判别矩阵原始资料。

1.0000	0.5000	1.6667	2.5000	0.8333
2.0000	1.0000	3.3333	5.0000	1.4286
0.6000	0.3000	1.0000	1.4286	0.3333
0.4000	0.2000	0.7000	1.0000	0.2000
1.2000	0.7000	3.0000	5.0000	1.0000

特征向量：[0.1873，0.3620，0.1026，0.0686，0.2795]

最大特征根为：5.0268

$CI = 6.70335500583197E-03$

$RI = 1.12$

$CR = CI/RI = 0.00598514 < 0.1$

一致性检验通过！

准则层（2）判别矩阵原始资料。

1.0000	0.6667	0.5000
1.5000	1.0000	0.6667
2.0000	1.5000	1.0000

特征向量：[0.2212，0.3189，0.4599]

最大特征根为：3.0016

CI = 7.86871608132511E-04

RI = .58

CR = CI/RI = 0.00135668 < 0.1

一致性检验通过！

准则层（3）判别矩阵原始资料。

1.0000	2.0000	3.3333
0.5000	1.0000	1.6667
0.3000	0.6000	1.0000

特征向量：[0.5556，0.2778，0.1667]

最大特征根为：3.0000

CI = 1.66666481504762E-06

RI = .58

CR = CI/RI = 0.00000287 < 0.1

一致性检验通过！

层次总排序一致性检验。

CI = 3.92510052516391E-03

RI = .877593536206582

CR = CI/RI = 0.00447257 < 0.1

总排序一致性检验通过！

层次分析结果表

==

层次 C

层次 A	立地条件	理化性状	土壤养分	组合权重
	0.5511	0.2931	0.1558	∑CiAi
地貌类型	0.1873			0.1032
地形部位	0.3620			0.1995
障碍层类型	0.1026			0.0566
坡向	0.0686			0.0378
坡度	0.2795			0.1541
pH 值		0.2212		0.0648
有机质		0.3189		0.0935

质地	0.4599	0.1348
有效磷	0.5556	0.0866
速效钾	0.2778	0.0433
有效锌	0.1667	0.0260

==

本报告由《县域耕地资源管理信息系统 V3.2》分析提供

五、进行耕地地力等级评价

耕地地力评价是根据层次分析模型和隶属函数模型，对每个耕地资源管理单元的农业生产潜力进行评价，在根据集类分析的原理对评价结果进行分级，从而产生耕地地力等级，并将地力等级以不同的颜色在耕地资源管理单元图上表达。

1. 在耕地资源管理单元图上进行评价

根据层次分析模型和隶属函数模型对每个单元进行评价（图 2-25）。

图 2-25　耕地生产潜力评价

2. 耕地生产潜力评价窗口（图 2-26）

3. 耕地等级划分窗口（图 2-27）

六、计算耕地地力生产性能综合指数（IFI）

$IFI = \sum F_i \times C_i ; (i = 1, 2, 3 \cdots)$。

式中：IFI（Integrated Fertility Index）代表耕地地力数；F_i—第 i 各因素评语；C_i—第 i 各因素的组合权重。

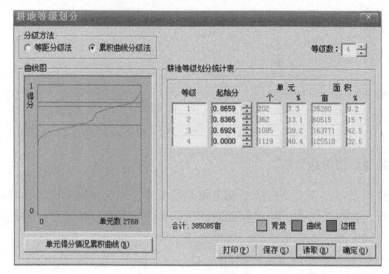

图 2-26　耕地等级划分

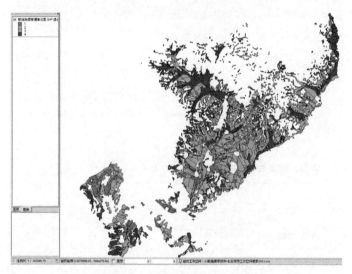

图 2-27　七台河市区地力等级

七、确定耕地地力综合指数分级方案

采取累积曲线分级法划分耕地地力等级，用加法模型计算耕地生产性能综合指数（IFI），将七台河市区耕地地力划分为四级（表 2-103）。

表 2-103　土壤地力指数分级

地力分级	地力综合指数分级（IFI）
一级	>0.86
二级	0.83~0.86
三级	0.69~0.83
四级	0.00~0.69

第四节　耕地地力评价结果与分析

七台河市总辖区面积（包括非县属农、林场）为 622 100hm²，其中，市区耕地面积 13 818.9hm²（此处为国家统计数字）。主要是旱田、灌溉水田、菜地、果园、苗圃等。

这次耕地地力评价将市区耕地面积 13 818.9hm² 划分为 4 个等级：一级地 1 271.3hm²，占耕地总面积的 9.2%；二级地 2 169.6hm²，占 15.7%；三级地 5 873.1hm²，占耕地总面积的 42.5%；四级地 4 505hm²，占 32.6%；一级、二级地属高产田土壤，面积共 3 440.9hm²，占 24.9%；三级为中产田土壤，面积为 5 873.1hm²，占耕地总面积的 42.5%；四级为低产田土壤，面积 4 505hm²，占耕地总面积的 32.6%。

一、一级地

从表 2-105 可以看出，一级耕地面积 1 174.2hm²，占市区耕地总面积的 9.2%。分布面积最大的是红旗镇 573hm²，占红旗镇耕地总面积的 30%；种畜场 537.9hm²，占种畜场耕地总面积的 5%；万宝河镇 63.3hm²，占万宝河镇耕地总面积的 15%；土壤类型分布面积最大的是黑土 816.3hm²，占黑土耕地总面积的 12%；草甸土 348.5hm²，占草甸土耕地总面积的 10%；水稻土 9.51hm²，占水稻土耕地面积的 36%。

二、二级地

从表 2-106 可以看出，二级耕地面积 2 209.9hm²，占市区耕地总面积的 15.7%。分布面积最大的是种畜场 2 033.4hm²，占种畜场耕地总面积的 18%；红旗镇 176.5hm²，占红旗镇耕地总面积的 9.0%。土壤类型分布面积最大的是黑土 2 158.9hm²，占黑土耕地总面积的 33%；草甸土 34.2hm²，占草甸土耕地总面积的 1.0%；水稻土 17.1hm²，占水稻土耕地总面积的 64%（图 2-28）。

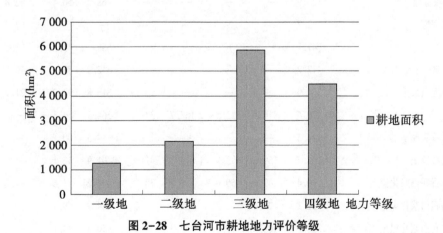

图 2-28　七台河市耕地地力评价等级

三、三级地

从表 2-104 可以看出，三级耕地面积 5 906.8hm²，占市区耕地总面积的 42.5%。分布面积最大的是种畜场 5 016.7hm²，占种畜场耕地总面积的 44%；红旗镇 640.9hm²，占红旗镇耕地总面积的 33%；万宝河镇 249.2hm²，占万宝河镇耕地总面积的 60%。土壤类型分布面积最大的是黑土 3 564.6hm²，占黑土耕地总面积的 55%；草甸土 1 346.9hm²，占草甸土耕地总面积的 38%；白浆土 656.1hm²，占白浆土耕地总面积的 88%；暗棕壤 336.7hm²，占暗棕壤耕地总面积的 12%；沼泽土 2.62hm²，占沼泽土耕地总面积的 1.0%。

四、四级地

从表 2-105 和表 2-106 可以看出，四级耕地面积 4 528hm²，占市区耕地总面积的 32.6%。分布面积最大的是种畜场 3 877.8hm²，占种畜场耕地总面积的 34%；红旗镇 544.5hm²，占红旗镇耕地总面积的 28%；万宝河镇 105.7hm²，占万宝河镇耕地总面积的 25%。土壤类型分布面积最大的是暗棕壤 2 379.3hm²，占暗棕壤耕地总面积的 88%；草甸土 1 844.6hm²，占草甸土耕地总面积的 52%；沼泽土 213.1hm²，占沼泽土耕地总面积的 99%；白浆土 91.1hm²，占白浆土耕地总面积的 12%。

表 2-104 耕地土壤地力等级统计

土　种	面积	等级 1		等级 2		等级 3		等级 4	
		面积	占总面积（%）	面积	占总面积（%）	面积	占总面积（%）	面积	占总面积（%）
合　计	13 818.9	1 174.2	9.2	2 209.9	15.7	5 906.8	42.5	4 528	32.6
一、暗棕壤类	2 715.8	—	—	—	—	336.6	12.4	2 379.2	87.6
（1）砾石底暗棕壤	2 592.2	—	—	—	—	268.4	10.3	2 323.7	89.7
（2）白浆化暗棕壤	120.9	—	—	—	—	68.2	56.4	52.8	43.6
（3）原始暗棕壤	2.7	—	—	—	—	—	—	2.7	100
二、白浆土类	747.1	—	—	—	—	656	87.8	91.1	12.2
（1）厚层岗地白浆土	412.2	—	—	—	—	342.2	83	70	17
（2）中层岗地白浆土	334.9	—	—	—	—	313.8	93.7	21.1	6.3
三、黑土类	6 539.5	816.4	12.5	2 158.7	33	3 564.3	54.5	—	—
（1）厚层砾石底黑土	14.5	—	—	—	—	14.5	100	—	—
（2）薄层黏底黑土	4 004.7	159.8	3.9	1 643	41	2201.9	55.1	—	—
（3）薄层砾石底白浆化黑土	79.4	47.6	59.9	30.6	38.5	1.21	1.6	—	—
（4）薄层黏底白浆化黑土	1 432.1	24.6	1.7	122.5	8.6	1 284.9	89.7	—	—
（5）中层黏底白浆化黑土	398.3	104.6	26.3	237.3	59.6	56.4	14.1	—	—
（6）厚层黏底草甸黑土	27.6	27.6	100	—	—	—	—	—	—
（7）中层黏底草甸黑土	411.8	403.2	97.9	8.6	2.1	—	—	—	—

（续表）

土　种	面积	等级 1		等级 2		等级 3		等级 4	
		面积	占总面积（%）	面积	占总面积（%）	面积	占总面积（%）	面积	占总面积（%）
(8) 薄层黏底草甸黑土	171.1	49	28.6	116.7	68.2	5.4	3.2	—	—
四、草甸土类	3 574.3	348.6	9.7	34.2	0.9	1 346.9	37.7	1 844.6	51.6
(1) 厚层沟谷草甸土	393.9	—	—	—	—	42.1	10.7	351.8	89.3
(2) 中层沟谷草甸土	1 428.4	—	—	—	—	152.6	10.6	1 275.8	89.4
(3) 薄层沟谷草甸土	32.4	—	—	—	—	—	—	32.4	100
(4) 厚层平地草甸土	11.8	11.8	100	—	—	—	—	—	—
(5) 中层平地草甸土	244.2	244.2	100	—	—	—	—	—	—
(6) 薄层平地草甸土	256.6	—	—	24.5	9.5	231.2	90.1	0.82	0.4
(7) 薄层平地白浆化草甸土	86.6	65.7	75.9	9.7	11.1	11.3	13	—	—
(8) 厚层沟谷白浆化草甸土	26.9	26.9	100	—	—	—	—	—	—
(9) 厚层沟谷沼泽化草甸土	1 093.5	—	—	—	—	909.7	83.2	183.8	16.8
五、沼泽土类	215.7	—	—	—	—	2.6	1.2	213.1	98.8
(1) 中层沟谷泥炭沼泽土	198.8	—	—	—	—	—	—	198.8	100
(2) 中层沟谷泥炭腐殖质沼泽土	16.9	—	—	—	—	2.6	15.4	14.3	84.6
六、水稻土类	26.6	9.5	35.7	17.1	64.3	—	—	—	—
厚层平地草甸土型水稻土	26.6	9.5	35.7	17.1	64.3	—	—	—	—

表 2-105　各乡镇耕地地力等级统计

乡　镇	面积	等级 1		等级 2		等级 3		等级 4	
		面积	占总面积（%）	面积	占总面积（%）	面积	占总面积（%）	面积	占总面积（%）
合　计	13 818.9	1 174.2	9.2	2 209.9	15.7	5 906.8	42.5	4 528	32.6
种畜场	11 465.8	537.9	5	2 033.4	17.7	5 016.7	43.7	3 877.8	33.8
红旗镇	1 934.9	573	30.2	176.5	9.1	640.9	33.1	544.5	28.1
万宝河镇	418.2	63.3	15.1	—	—	249.2	59.5	105.7	25.2

表 2-106　全市地力等级土壤养分含量统计　　（单位：mg/kg　g/kg）

土壤养分	种畜场				红旗镇				万宝河镇			
	一级地	二级地	三级地	四级地	一级地	二级地	三级地	四级地	一级地	二级地	三级地	四级地
	50.2	44.9	41.6	43.7	46.9	44.3	43.1	35.6	54.9	—	48.4	49.6
全氮	2.504	2.008	1.915	2.217	1.8476	1.937	1.591	1.269	2.009	—	1.929	1.919

（续表）

土壤养分	种畜场				红旗镇				万宝河镇			
	一级地	二级地	三级地	四级地	一级地	二级地	三级地	四级地	一级地	二级地	三级地	四级地
碱解氮	225.7	187.7	191.2	210.6	186.6	184.1	177.3	173	195	—	194.8	202.9
全磷	0.71	0.56	0.6	0.62	0.57	0.49	0.53	0.5	0.77	—	0.8	0.78
有效磷	48.4	47.8	40.1	46	36.1	30.1	41.1	41.3	49.3	—	53.8	45
全钾	17.2	17.3	17.8	17.4	21.7	22.8	22.3	21.3	19.5	—	20.9	20.2
速效钾	187.5	148	137.8	147.3	147.3	159.7	139.9	120.8	138.1	—	105.9	116.1
有效锌	1.9	1.3	1.3	1.4	2.3	1.5	2.2	2.3	3.5	—	3.7	2.6
有效铜	2.6	2.7	2.8	2.7	3	4	2.9	2.5	3.2	—	3.6	3.1
有效锰	60.1	64.9	68.7	66.8	58.9	62.3	63	66.4	54.2	—	74.6	70.9
有效铁	135.3	—	—	—	120	—	—	—	97.9	—	—	—

第五节　归并农业部地力等级指标划分标准

一、国家农业标准

农业部于 1997 年颁布了"全国耕地类型区、耕地地力等级划分"农业行业标准。该标准根据粮食单产水平将全国耕地地力划分为 10 个等级。以产量表达的耕地生产能力，年单产大于 13 500kg/hm² 为一级地，小于 1 500kg/hm² 为 10 级地，每 1 500kg 为 1 个等级，详见表 2-107。

表 2-107　全国耕地类型区、耕地地力等级划分

地力等级	谷类作物产量（kg/hm²）
1	>13 500
2	12 000~13 500
3	10 500~12 000
4	9 000~10 500
5	7 500~10 500
6	6 000~7 500
7	4 500~6 000
8	3 000~4 500
9	1 500~3 000
10	<1 500

二、耕地地力综合指数转换为概念型产量

每一个地力等级内随机选取 10%的管理单元，调查近 3 年实际的年平均产量，经济作物统一折算为谷类作物产量，归入国家等级（表 2-108）。

表 2-108　县内耕地地力评价等级归入国家地力等级

县内地力等级	管理单元数	抽取单元数	近三年平均产量	参照国家农业标准
1	202	20	8 400	5
2	362	26	8 100	5
3	1 085	110	7 300	6
4	1 119	120	6 200	6

市区 1 级、2 级地，归入国家 5 级地；3 级、4 级地归入国家 6 级地。归入国家等级后，5 级地面积共 3 440.9hm²，占 24.9%；6 级地面积为 10 378.0hm²，占耕地总面积的 75.1%。

第六章　耕地地力评价与区域配方施肥

耕地地力评价，建立了较完善的土壤数据库，科学合理地划分了县域施肥单元，避免了过去人为划分施肥单元指导测土配方施肥的弊端。过去我们在测土施肥确定施肥单元，多是采用区域土壤类型、基础地力产量、农户常年施肥量等为农民提供粗略的配方。而现在采用地理信息系统提供的多项评价指标，综合各种施肥因素和施肥参数来确定较精密的施肥单元。本次地力评价市区评价区域内确定了2768个施肥单元，每个单元的施肥配方都不相同，大大提高了测土配方施肥的针对性、精确性、科学性，完成了测土配方施肥技术从估测分析到精准实施的提升过程。

第一节　七台河市区耕地施肥区划分

全境大豆产区、玉米产区、水稻产区，按产量、地形、地貌、土壤类型、灌溉保证率可划分为3个测土施肥区域。

一、高产田施肥区

该区多为平地或山地坡下平缓处，地势平坦、土壤质地松软，耕层深厚，黑土层较深，地下水丰富，通透性好，保水保肥能力强，土壤理化性状优良，无霜期长，气温高，热量充足，土地资源丰富，土质肥沃，水资源较充足，高产田施肥区的玉米公顷产量8 500 ~ 9 500kg。高产田总面积3 384.1hm²，占耕地总面积的24.6%，主要分布在红旗镇、种畜场。其中，种畜场面积最大，为2 571.3hm²，占高产田总面积的75.9%；其次是红旗镇，面积为749.5hm²，占高产田总面积的22.1%；万宝河镇，面积为63.3hm²，占高产田总面积的1.8%。该区主要土壤类型以黑土、草甸土为主，其中，黑土面积最大2 974.8hm²，占高产田总面积的87.9%。黑土中又以薄层黏底黑土为主，面积1 802.7hm²，占高产田面积的53.3%。该土壤含量平均为41.9g/kg，速效养分含量都相对较高。其次是草甸土，面积为382.7hm²，占高产田总面积的11.3%，草甸土中以中层平地草甸为主，面积为244.2hm²，占高产田总面积的7.2%。该区域是玉米、大豆高产区也是主产区，同时，也适合经济作物种植（表2-109、表2-110）。

表2-109　高产田施肥区乡镇面积统计　　　　　　　　　　　　（单位：hm²）

乡　镇	一级地面积	二级地面积	高产田面积	占高产田面积（%）
合　计	1 174.2	2 209.9	3 384.1	100
种畜场	537.9	2 033.4	2 571.3	75.9

（续表）

乡　镇	一级地面积	二级地面积	高产田面积	占高产田面积（%）
红旗镇	573.0	176.5	749.5	22.1
万宝河镇	63.3	—	63.3	1.8

表 2-110　高产田施肥区土类面积统计　　　　（单位：hm²）

土　类	一级地面积	二级地面积	高产田面积	占高产田面积（%）
合　计	1 174.2	2 209.9	3 384.1	100
黑土	816.3	2 158.6	2 974.9	88.0
草甸土	348.5	34.2	382.7	11.3
水稻土	9.5	17.1	26.6	0.7

二、中产田施肥区

该区多为丘陵漫岗地或山地坡中处、沟谷的低洼地，地势升高，坡度 3°~5°，有轻度侵蚀，个别土壤存在障碍因素，土壤质地不一，疏松或黏重，以中壤土、轻黏土为主。耕层适中，黑土层较浅，保水保肥能力差；低洼地虽地下水丰富，但持水性强，通气不良。中产田施肥区的玉米公顷产量 7 000~8 000kg。中产田总面积 5 906.7hm²，占耕地总面积的 42.7%。主要分布在种畜场、红旗镇、万宝河镇 3 个乡镇。其中，种畜场面积最大，为 5 016.7hm²，占中产田总面积的 84.9%；其次是红旗镇，面积为 640.9hm²，占中产田总面积的 10.9%；万宝河镇面积 249.2hm²，占中产田总面积的 4.2%。该区主要土壤类型以草甸土、黑土为主，其中，黑土面积最大 3 564.5hm²，占中产田总面积的 60.3%。黑土中又以薄层黏底黑土为主，面积 2 201.9hm²，占中产田面积的 37.2%。该土壤含量平均为 41.9g/kg。其次是草甸土，面积为 1 346.9hm²，占中产田总面积的 22.8%。草甸土中以薄层平地草甸土为主，是七台河市区大豆、玉米主产区，此外，该区域也是经济作物种植区（表 2-111、表 2-112）。

表 2-111　中产田施肥区乡镇面积统计　　　　（单位：hm²）

乡　镇	三级地面积	中产田面积	占中产田面积（%）
合　计	5 906.8	5 906.8	100.0
种畜场	5 016.7	5 016.7	84.9
红旗镇	640.9	640.9	10.8
万宝河镇	249.2	249.2	4.3

表 2-112　中产田施肥区土类面积统计　　　　（单位：hm²）

土　类	三级地面积	中产田面积	占中产田面积（%）
合　计	5 906.8	5 906.8	100.0
暗棕壤	336.7	336.7	5.7

（续表）

土　类	三级地面积	中产田面积	占中产田面积（%）
白浆土	656.1	656.1	11.1
黑　土	3 564.5	3 564.5	60.3
草甸土	1 346.9	1 346.9	22.8
沼泽土	2.6	2.6	0.04

三、低产田施肥区

该区多为丘陵漫岗地顶部或山地坡上处、沟谷的低洼地，有轻度侵蚀和中度侵蚀，个别土壤存在障碍因素，土壤质地不一，疏松或黏重，以轻壤、中黏土为主。低产田施肥区的玉米公顷产量 6 000~7 500kg。低产田总面积 4 528.1hm²，占耕地总面积的 32.7%。主要分布在种畜场、红旗镇、万宝河镇 3 个乡镇。其中，种畜场面积最大，面积为 3 877.9hm²，占低产田总面积的 85.6%；其次是红旗镇，面积为 544.5hm²，占低产田总面积的 12.0%；万宝河镇面积为 105.7hm²，占低产田总面积的 2.3%。该区主要土壤类型以暗棕壤、草甸土、沼泽土为主，其中，暗棕壤面积最大 2 379.3hm²，占低产田总面积的 52.5%。暗棕壤中又以砾石底暗棕壤为主，面积 2 323.7hm²，占低产田总面积的 51.3%。含量平均在 28.0g/kg 左右。其次是草甸土，面积为 1 844.6hm²，占低产田总面积的 40.7%，沼泽土中以中层沟谷泥炭沼泽土为主。该区域是市区大豆、玉米主产区，此外，该区域也是经济作物种植区（表 2-113、表 2-114）。

表 2-113　低产田施肥区乡镇面积统计　　　　（单位：hm²）

乡　镇	四级地面积	低产田面积	占低产田面积（%）
合　计	4 528.1	4 528.1	100
种畜场	3 877.9	3 877.9	85.6
红旗镇	544.5	544.5	12.0
万宝河镇	105.7	105.7	2.4

表 2-114　低产田施肥区土类面积统计　　　　（单位：hm²）

土　类	四级地面积	低产田面积	占低产田面积（%）
合　计	4 528.1	4 528.1	100
暗棕壤	2 379.3	2 379.3	52.5
草甸土	1 844.6	1 844.6	40.7
沼泽土	213.1	213.1	4.7
白浆土	91.1	91.1	2.1

第二节 测土施肥单元的确定

施肥单元是耕地地力评价图中具有属性相同的图斑。在同一土壤类型中也会有多个图斑——施肥单元。按耕地地力评价要求，全境大豆产区可划分为 3 个测土施肥区域。

在同一施肥区域内，按土壤类型一致，自然生产条件相近，土壤肥力高低和土壤普查划分的地力分级标准确定测土施肥单元。根据这一原则，上述 3 个测土施肥区，可划分为 9 个测土施肥单元。其中，高产田施肥区 3 个测土施肥单元；中产田施肥区划分为 3 个测土施肥单元；低产田施肥区划分为 3 个测土施肥单元。具体测土施肥单元，见表 2-115。

表 2-115 测土施肥单元划分

测土施肥区	测土施肥单元
高产田施肥区	薄层黏底黑土施肥单元
	中层平地草甸土施肥单元
	中层黏底草甸黑土施肥单元
中产田施肥区	薄层黏底黑土施肥单元
	薄层平地草甸土施肥单元
	薄层黏底白浆化黑土施肥单元
低产田施肥区	砾石底暗棕壤施肥单元
	中层沟谷泥炭沼泽土施肥单元
	中层沟谷草甸土施肥单元

第三节 施肥分区

七台河市区按照高产田施肥区域，中产田施肥区域，低产田施肥区域 3 个施肥区域，按照不同施肥单元，即 9 个施肥单元，特制定大豆高产田施肥推荐方案、大豆中低产田施肥推荐方案。

一、分区施肥属性查询

这次耕地地力调查，共采集土样 321 个。确定评价指标 11 个：有机质、坡度、坡向、地形部位、地貌类型、障碍层类型、质地、有效磷、速效钾、有效锌、pH 值。在地力评价数据库中建立了耕地资源管理单元图、土壤养分分区图。按着不同作物、不同地力等级产量指标和地块、农户综合生产条件可形成针对地域分区特点的区域施肥配方，针对农户特定生产条件的施肥配方。

二、施肥单元关联施肥分区代码

根据 3 414 试验、配方肥对比试验、多年氮磷钾最佳施肥量试验建立起来的施肥参数体系和土壤养分丰缺指标体系，选择适合七台河市区特定施肥单元的测土施肥配方推荐方法（养分平衡法、丰缺指标法、氮磷钾比例法、以磷定氮法、目标产量法），计算不同级别施肥分区代码的推荐施肥量（N、P_2O_5、K_2O）。

三、大豆高、中低产田施肥分区施肥推荐方案

例如，高产施肥区中种植大豆，土壤养分测试结果为：碱解氮 190mg/kg，有效磷 35.7mg/kg，速效钾 215mg/kg。根据施肥分区代码与其养分含量对照，查得施肥分区模式为 2－3－1，其氮磷钾配方施肥量，通过关联大豆高产施肥分区代码与作物施肥推荐关联查询表，查氮的施肥量，查施肥分区代码2，查得氮的推荐施肥量为：纯氮 34.2kg/hm²，同样通过 3 号代码查得 P_2O_5 的施用量为 62.7kg/hm²，通过 1 号代码查得 K_2O 的施用量为 18.6kg/hm²（表 2-116、表 2-117）。

表 2-116　高产田施肥分区代码与作物施肥推荐关联查询（单位：mg/kg、kg/hm²）

施肥分区代码	碱解氮含量	纯氮施肥推荐量	有效磷含量	P_2O_5施肥推荐量	速效钾含量	K_2O施肥推荐量
1	>250	29.4	>60	45.5	>200	18.6
2	180~250	34.2	40~60	54.1	150~200	25.0
3	150~180	39.0	20~40	62.7	100~150	31.4
4	120~150	43.8	10~20	71.3	50~100	37.8
5	80~120	48.6	5~10	79.9	30~50	44.2
6	<80	53.6	<5	88.6	<30	50.3

表 2-117　中低产田施肥分区代码与作物施肥推荐关联查询

（单位：mg/kg、kg/hm²）

施肥分区代码	碱解氮含量	纯氮施肥推荐量	有效磷含量	P_2O_5施肥推荐量	速效钾含量	K_2O施肥推荐量
1	>250	21.9	>60	44.5	>200	15.7
2	180~250	25.9	40~60	50.5	150~200	20.4
3	150~180	30.5	20~40	55.5	100~150	25.1
4	120~150	34.8	10~20	59.8	50~100	29.8
5	80~120	37.6	5~10	64.4	30~50	34.7
6	<80	41.2	<5	69.5	<30	39.5

第七章　耕地地力评价与土壤改良利用途径

第一节　概况

这次耕地地力调查和质量评价将七台河市区耕地土壤划分为 4 个等级：一级地 1 271.3hm²，占 9.2%；二级地 2 169.6hm²，占 15.7%；三级地 5 873.1hm²，占 42.5%；四级地 4 504.9hm²，占 32.6%。一级、二级地属高产田土壤，面积共 3 440.9hm²，占 24.9%；三级为中产田土壤，面积为 5 873.1hm²，占 42.5%；四级为低产田土壤，面积 4 504.9hm²，占 32.6%；中低产田合计 10 378.0hm²，占总耕地面积的 75.1%。按照《全国耕地类型区耕地地力等级划分标准》进行归并，市区现有国家五级地 3 440.9hm²，占 24.9%；六级地 10 378.0hm²，占 75.1%。

从地力等级的分布特征来看，高产田土壤主要分布在种畜场、红旗镇。其中，种畜场面积最大，面积为 2 571.3hm²，占高产田总面积的 75.9%；其次是红旗镇，面积为 749.5hm²，占高产田总面积的 22.1%；该区主要土壤类型以黑土、草甸土，其中，暗棕壤面积最大 2 974.8hm²，占高产田总面积的 87.9%（表 2-118、表 2-119）。

表 2-118　七台河市区土壤地力分级统计　　　　　　　　　（单位：kg/hm²）

地力分级	地力综合指数分级（IFI）	耕地面积（hm²）	占总耕地面积（%）	产量
一级	>0.86	1 271.3	9.2	>8 500
二级	0.83~0.86	2 169.6	15.7	7 500~8 500
三级	0.69~0.83	5 873.1	42.5	6 500~7 500
四级	0~0.69	4504.9	32.6	5 500~6 500

表 2-119　七台河市区耕地地力（国家级）分级统计　　　　　（单位：kg/hm²）

国家级	IFI 平均值	耕地面积	占总耕地面积（%）	产量
五级	0.83~0.87	3 440.9	24.9	7 500~8 800
六级	0.62~0.83	10 378.0	75.1	5 400~7 500

第二节　耕地地力评价结果分析

一、土壤有机质和养分状况

据统计，市区耕地土壤有机质含量平均为 45.3g/kg，有机质含量小于 20g/kg 的为

0.6%，面积约 79.1hm²。土壤有效磷含量平均为 44.3mg/kg，含量在 5～20mg/kg 面积约479.2hm²，占总面积的 3.4%。速效钾含量平均为 143.9mg/kg，含量在 50～100mg/kg 的耕地面积 1 330.3hm²，占总耕地面积的 9.6%。

市区耕地土壤有效锌含量平均 1.49mg/kg，变化幅度在 0.2～8.9mg/kg。按照新的土壤有效锌分级标准，市区耕地有效锌养分含量≤0.5mg/kg 的耕地面积 1 507.8hm²，占总耕地面积的 10.9%。耕地有效铜含量平均值为 2.8mg/kg，变化幅度在 0.1～5.7mg/kg。市区耕地有效锰平均值为 66.6mg/kg，变化幅度在 10.7～170mg/kg。市区有效锰最低含量为 10.7mg/kg，高于黑龙江省耕地土壤养分锰分级标准的二级，说明七台河市区耕地土壤中有效锰极其丰富。

二、障碍因素及其成因

（一）干旱

调查结果表明，土壤干旱已成为当前限制农业生产的最主要障碍因素。

七台河市区地处中纬地带，气候属于寒温带，大陆性季风气候。具有寒暑明显，光照充足，无霜期短，四季分明的气候特点。

春季干旱少雨，一般 3 月末至 4 月初开始解冻，气温稳定通过 0℃。（表土化冻 3cm）降水少，而蒸发量大，历年平均降水量为 32mm，占全年降水总量的 1.5%。而蒸发量（水面蒸发量）为 424mm，占全年蒸发量的 34%，加之春风大，构成了"十春九旱"的气候特点。

七台河市境内由倭肯河及挠力河两大水系组成。倭肯河水系组成了七台河市的西南部地区。挠力河水系组成了七台河市的东北部地区。倭肯河水系有主流倭肯河，支流七台河、挖金鳖河、万宝河、茄子河、中心河、龙湖河等；挠力河水系有主流挠力河，支流大泥鳅河、小泥鳅河、岚峰河等。

七台河市地下水量贫乏，开采利用困难。东部挠力河流域的丘陵及山区，泉水流量为10～100t/日，西部倭肯河流域丘陵及山区，泉水流量小于 10t/日。

（二）瘠薄

土壤瘠薄产生的原因：一是自然因素形成的，如砾石底暗棕壤、岗地白浆土，由于形成年代短、土层薄，含量低、土壤养分少，肥力低下。二是现行的耕作制度是造成土层变薄的一个重要因素。由于连年小型机械浅翻作业，犁底层紧实，导致土壤接纳降水的能力较低，容易产生径流，同时，地表长期裸露休闲，破坏了土壤结构，在干旱多风的春季，容易造成表层土随风移动，即发生风蚀。三是有机肥减少。

（三）渍涝

很多沟谷低洼地处于低温区，持水量大，通气不良、土质冷浆，春季地温较低，不易发苗。这些耕地多分布在沟谷两侧，常处于低洼积水状态。

第三节　七台河市区耕地土壤改良利用目标

一、总体目标

（一）粮食增产目标

这次耕地地力调查结果显示，七台河市区中低产田土壤占 75.1%，占有较高的比例，另外，高产田土壤也有一定的潜力可挖，因此，增产潜力十分巨大。若通过适当措施加以改良，消除或减轻土壤中障碍因素的影响，可使低产变中产，中产变高产，高产变稳产甚至更高产。如果按地力普遍提高 1 个等级，七台河市区每年可增产粮食 2 200 万 kg 左右。

（二）生态环境建设目标

由于过度开垦和掠夺式经营，致使生态系统遭到了极大的破坏，导致灾害频繁、旱象严重、水土流失加剧。当前生态环境建设的目标是恢复建立稳定复合的农田生态系统，依据这次耕地地力调查和质量评价结果，下决心调整农、林、牧结构，彻底改变单纯种植粮食的现状，对侵蚀重、地力瘠薄的部分坡耕地坚决退耕还林还草，大力营造农田防护林，完善农田防护林体系，增加森林覆盖率，这样就使农田生态系统与草地生态系统以及森林生态系统达到合理有机的结合，进而实现农业生产的良性循环和可持续发展。

（三）社会发展目标

根据这次耕地地力调查和质量评价结果，针对不同土壤的障碍因素进行改良培肥，可以大幅度提高耕地的生产能力。同时，通过合理配置和优化耕地资源，加快种植业和农村产业结构调整，发展畜牧业，可以提高农业生产效益，增加农民收入，全面推进七台河市城乡一体化进程。

二、近期目标

本着先易后难、标本兼治、统一规划、综合治理的原则，确定七台河市区耕地土壤改良利用近期目标是：从现在到 2015 年，利用 3 年时间，建成高产稳产标准良田 5 000hm²。

三、中期目标

2015—2020 年，利用 5 年时间，改造中产田土壤 2 000hm²，使其大部分达到高产田水平。

四、远期目标

2020—2025 年，利用五年时间，改造低产田土壤 1 200hm²，使其大部分达到中产田水平。

第四节　七台河市区土壤存在的主要问题

一、土壤侵蚀问题

土壤侵蚀也称水土流失，包括水蚀和风蚀 2 种。

风蚀往往引起不可逆转的生态性灾难，其后果是严重的，风蚀的直接后果是耕层由厚变薄。

七台河市区风蚀的主要原因是气象因素、土地因素和人为因素，漫岗地形耐蚀性低，这些都是发生风蚀的自然条件。另外，人为耕作对土壤侵蚀起主导作用，毁草开荒，使自然植被遭到破坏，表土裸露，耕作粗放，森林覆被率低等都为土壤侵蚀创造了条件。

二、土壤肥力减退

土壤肥力是表明土壤生产性能的一个综合性指标，它是由各种自然因素和人为因素构成的。由于长期受水蚀和风蚀的影响以及用养失调的不合理耕作，土壤的养分状况发生了很大变化，主要表现为含量降低，氮磷钾等养分也相应减少，土壤保水保肥能力逐年减退。

三、土壤耕层变浅，犁底层增厚

通过耕层和障碍层调查发现，市区耕地土壤普遍存在耕层浅、犁底层厚现象。七台河市区耕层厚度平均 19.8cm，障碍层厚度 9.6cm 左右。

由于耕层浅，犁底层厚，给土壤造成很多不良性状，影响作物生长发育。

造成耕层浅、犁底层厚的主要原因是：长期小型机械田间作业，动力不足，耕翻地深度不够，重复碾压使土壤变得紧实。障碍层增厚造成以下不良物理性状。

（一）通气透水性差

犁底层的容重大于耕层的容重，而孔隙度低于耕层的孔隙度。犁底层的总孔隙度、通气孔隙、毛管孔隙均低于耕层，另外，犁底层质地黏重，片状结构，遇水膨胀很大，使总孔隙度变小，而在孔隙中几乎完全是毛管孔隙，形成了隔水层，影响通气透水，使耕作层与心土层之间的物质转移、交换和能量的传递受阻。由于通气透水性差，使微生物的活动减弱，影响有效养分的释放。

（二）易旱易涝

由于犁底层水分物理性质不好，一方面，在耕层下面形成一个隔水的不透水层，雨水多时渗到犁底层便不能下渗，这样既影响蓄墒，又易引起表涝，在岗地容易形成地表径流而冲走土壤和养分；另一方面，久旱无雨，耕层里的水分很快就蒸发掉，而底墒由于犁底层阻断，不能补充表层水分。

（三）影响根系发育

一是耕层浅，作物不能充分吸收水分和养分；二是犁底层厚而硬，作物根系不能深扎，只能在浅的犁底层上盘结，不但不能充分吸收土壤的养分和水分，而且容易倒伏。使作物吃不饱、喝不足，发根少、易倒伏。

第五节　土壤改良利用的主要途径

针对七台河市区当前土壤现状采取有效措施，全面规划、改良、培肥土壤，为加速实现农业现代化打下良好的土壤基础。下面将土壤改良的主要途径分述如下。

一、植树造林，建立优良的农田生态环境

多形式植树造林，既要植农田防护林，又要植水土保持林，既要有经济林，还要有生态林。采取多种途径进行植树造林。

二、改革耕作制度

（一）翻、耙、松相结合整地

翻、耙、松相结合整地，有减少土壤风蚀，增强土壤蓄水保墒能力，提高地温，1 次播

种保全苗等作用。

进行秋翻，尽量春季不翻土或少翻土。春季必须翻整的地块，要安排在低洼保墒条件较好的地块，早春顶凌浅翻或顶浆起垄，再者抓住雨后抢翻，随翻随耙，随播随压，连续作业。

耙茬整地是抗旱耕作的一种好形式，我们要积极应用这一整地措施，耙茬整地不直接把表土翻开，有利保墒，又适于机械播种。

深松是整地的一种辅助措施，能起到加深土壤耕作层，打破犁底层，疏松土壤，提高地温，增强土壤蓄水能力。

（二）积极推广机械整地、播种一次作业技术

1次作业是抗春旱、保全苗的一项主要措施之一。开沟、播种、施肥（化肥）、覆土、镇压1次完成，防止跑墒。还有播种适时、缩短播期、株距均匀、小苗生长一致等优点。

（三）因土种植，合理布局

根据土壤情况，以玉米、大豆、水稻为主要种植作物，逐步扩大经济作物。北部以玉米、水稻、大豆为主。中西部以大豆、经济作物和水稻为主。

三、增加土壤有机质培肥土壤

土壤有机质是作物养料的重要来源，增加土壤有机质是改土肥田，提高土壤肥力的最好途径。不断地向土壤中增加新鲜有机质，能够改善土壤质地，增强土壤通气透水性能，提高地温，促进微生物活动，有利速效养分的释放，满足作物生长发育的需要。

（一）推广秸秆还田

秸秆还田是增加土壤有机质，提高土壤肥力的重要手段之一，它对土壤肥力的影响是多方面的，既可为作物提供各种营养，又可改善土壤理化性质。秸秆还田后，最好结合每公顷增施氮肥30~40kg，磷肥35kg，以调节微生物活动的适宜碳氮比，加速秸秆的分解。

（二）合理施用化肥

施用化肥是提高粮食产量的一个重要措施。为了真正做到增施化肥，合理使用化肥，提高化肥利用率，增产增收，要做到以下2点：一是确定适宜的氮磷钾比例，实行氮磷混施；二是底肥深施。

多年试验和生产实践证明，化肥做底肥深施、种肥深施，省工省力，能大大提高肥料利用率，尤其二铵做底肥与有机肥料混合施用效果更好。

第六节　土壤改良利用分区

为了充分发挥自然资源优势，在这次地力评价的基础上，把不同自然条件下形成的复杂土壤组合，从区域性角度进行综合性分区划片。按其土壤特点，生产现状和存在问题，因地制宜地提出改良措施与利用意见，达到全面规划，综合治理，为农业发展的合理布局提供依据。

一、分区的原则与依据

七台河市区土壤改良利用分区总的原则是：以土壤分布特点及肥力状况为基础，以自然条件和各成土因素为依据，以反映自然单元与经济内在联系，达到综合治理与改良利用为目的。

（1）分区时即要考虑土壤的一致性与规律性，又要考虑局部土壤的特殊性，客观地反映各区自然和农业经济条件的差异。

（2）按其自然条件进行综合分析，把改良与利用紧密结合起来，在改良的基础上去利用，在利用中加以改良，使用地与养地融为一体。

（3）确定改良利用方向和措施时，坚持远近结合，以近为主，抓住要害，综合治理。坚持为当地当前生产服务，又要有方向性与战略性的布局。

根据上述原则与依据将七台河市土壤划分为区与亚区2级。

区：是以地形地貌特点为主进行划分，即同一自然地貌单元内土壤的近似性和改良利用方向的一致性。命名采取地貌——部位组合，如"东北低山丘陵区"就以"低山丘陵"为主，前面冠以所在部位"东北"。这为亚区固定了范围，指出了地形地貌特点。

亚区：是在土区的控制下，根据土壤组合，肥力状况和改良措施的一致性进行划分，尽量保持行政管理界线的完整性。命名采用利用——土壤组合，如"暗棕壤林副亚区"是以"林副利用为主，冠以土壤类型暗棕壤"。

二、分区方案

市区划分4个土区，8个亚区，分区概述如下。

（一）东北低山丘陵区

本区位于我市东北部，包括宏伟镇和兰棒林场。地势较高，海拔在220~590m，气温低无霜期短，降水较多，是林业生产区。本区土壤类型有暗棕壤，白浆化暗棕壤和山间呈枝状分布的沟谷草甸土，还有部分低洼积水的沼泽土。

根据不同土壤类型和利用方式，将该区划分为2个亚区。

1. 暗棕壤林业副亚区

本区主要位于兰棒林场。该亚区距离市区远，中间隔有北兴国营农场，除原有居民点外，人员居住分散，流入人口较多，陡坡开荒与毁林开荒面积大，天然次生林受到破坏。该区资源丰富，有生长茂密的森林，也有大量的山产品。土壤多为典型暗棕壤。改良利用措施：一是合理规划，严格划分天然次生林抚育区，人工林栽植区和居民生产生活区，坚决禁止乱砍滥伐建。二是有组织有计划的开荒种地，防止陡坡开荒保持水土。三是封山育林，大力营造人工林，增加森林覆盖面积。四是组织好林区副业生产，发挥资源优势，广开门路，建立以林为主，林、副结合的文明山区。

2. 草甸土农牧亚区

本区主要为泥鳅河、挠力河两岸群山环抱的低洼地带。主要土壤有沟谷草甸土，沼泽土与部分泥炭土。虽然土壤养分含量较高，但很难利用。主要问题是低洼积水，易受水害，土壤冷浆，作物前期生长缓慢，后期贪青晚熟。需修水利工程，综合治理，是发展牧业的良地。

（二）东南低山丘陵漫岗地区

本区位于我市东南部，包括铁山林场、龙山林场和茄子河镇一部分村。该区以林为主，林业面积占本区段的80%。土壤主要有暗棕壤，白浆土和部分沟谷草甸土。

根据土壤类型和利用方式，该区划分为 2 个亚区。

1. 暗棕壤林副亚区

本区包括龙山林场、茄子河林场和铁山林场。该区特点是林区面积大，部分秃山被萌生柞、桦和灌木所占据。毁林开荒，乱砍滥伐比较严重。主要改良措施是积极栽植人工林，改变荒山秃岭面貌。对成林区应加强扶育管理，对原始森林与天然次生林应合理采伐，严禁乱砍滥伐，毁林开荒。对已开的陡坡耕地应创造条件退耕还林，以林为主，大力发展多种经营。对适耕农田要加强水土保持工作，做到用养结合。

2. 白浆土农业亚区

本区包括铁山乡各村。主要土壤有白浆土、白浆化黑土和部分黑土。地势为丘陵漫岗起伏不平，水土流失比较严重，土壤板结，养分含量低，坡下易受洪水危害。气温低，生育期短，作物产量低。发展种植业必须兴建水土保持工程，增施有机肥，建立合理轮作制，逐步改变因白浆层而引起的土壤板、瘦、冷、硬不利条件取得稳产高产。对那些水源充足的村屯，应积极扶持蔬菜生产，供应市区需要。

（三）中部漫岗平原区

本区位于七台河市中部，包括中心河乡，红山林场和茄子河镇的一部分村。主要土壤有白浆土，草甸土，部分暗棕壤和黑土。是七台河市农业和蔬菜生产主要区域。

根据土壤类型和利用方式，该区划分为 2 个亚区。

1. 白浆土农菜亚区

本区包括中心河乡及茄子河镇的五龙四阳等村，是七台河市农作物和蔬菜主要生产基地。但坡岗地较多，水土流失严重，白浆土不良性状表现明显，与速效养分含量均低于七台河市各土壤平均值。透水性不良，跑水跑肥，怕旱怕涝。应加强水土保持工作，增施有机肥料和磷肥，采用深松耕法打破白浆层，改良白浆土不良性状，增强抗逆能力，创造高产稳产农田，发展蔬菜生产。

2. 草甸土菜田亚区

本区包括茄子河镇、中心河乡，是七台河市蔬菜产区。土壤为草甸土和部分沼泽土。地处倭肯河与茄子河两岸，地势低洼，内涝严重，雨量稍大便成水灾。兴建水利工程，排除内涝是本区的首要任务。

（四）西部漫岗区

本区位于七台河市西部，包括红旗镇和七煤公司林业处，主要土壤有黑土，草甸土和部分暗棕壤。

根据土壤类型和利用方式，将该区划分为 2 个亚区。

1. 暗棕壤林业亚区

本区主要是暗棕壤，为林业区，由七煤公司管辖。多为人工林，天然次生林很少。主要问题是荒山多，水土流失严重。应集中力量积极栽植人工林，造一片成一片，逐渐消灭荒山提高森林覆盖率，加强水土保持工作。

2. 黑土、草甸土菜田亚区

本区包括红旗镇、万宝河镇部分村等。土地开垦年限较长，其中，八道岗、红光、太和村、桃山村等耕种历史为最长。土壤有黑土，草甸土与白浆土。是七台河市蔬菜集约生产区。但从土壤现状看差距很大，地板黏硬，很难满足蔬菜生产要求。因此，应兴修水利，搞好排灌配套工程，增施农肥，培肥地力，逐渐形成园田化，做到四季高产，保证市区用菜。

第七节　耕地土壤改良利用对策及建议

一、改良对策

（一）推广旱作节水农业

七台河市区为雨养农业区，积极推行旱作农业，充分利用天然降水，合理使用地表及地下水资源，实行节水灌溉，是解决本地干旱缺水问题的关键所在。

目前，七台河市区农田基础设施建设和灌溉方式仍比较落后，实现水浇地仅限于水田，而占耕地面积95%的旱田尚无灌溉条件。遇到春旱年份，旱田能做到催芽坐水种。在生产中仍然是靠天降水，易受春旱、伏旱、秋旱威胁。水田基本上仍然采用土渠自流灌溉方式，防渗渠道也极少。所以，在输水过程中，渗漏严重。今后应不断完善农田基础设施建设，保证灌溉水源，并大力推广使用抗旱品种，推广秋翻秋耙春免耕技术、地膜集流增墒覆盖技术、机械化一条龙坐水种技术、苗带镇压技术、喷灌、滴灌和渗灌技术、苗期机械深松技术、化肥深施技术和化控抗旱技术。

（二）培肥土壤，提高地力

1. 平衡施肥

化肥是最直接最快速的养分补充途径，可以达到30%～40%的增产作用。目前，七台河市在化肥施用上存在着很大的盲目性，如氮、磷、钾比例不合理，施肥方法不科学，肥料利用率低。这次土壤地力调查与质量评价，摸清了土壤大量元素和中微量元素的丰缺情况，得知钾、锌元素较缺乏，在今后的农业生产中，应该大面积推广测土配方施肥，达到大、中、微量元素的平衡，以满足作物正常生长的需要。

2. 增施有机肥

大力发展畜牧业，增加有机肥源。畜禽粪便是优质的农家肥，应鼓励和扶持农户大力发展畜牧业，增加有机肥的数量，提高有机肥的质量。做到公顷施用农家肥30～45t，有机质含量20%以上，3年轮施1遍。此外，要恢复传统的积造有机肥方法，搞好堆肥、沤肥、沼气肥、压绿肥，广辟肥源，在根本上增加农家肥的数量。除了直接施入有机肥之外，还应该加强"工厂化、商品化"的有机肥施用。

3. 秸秆还田

作物秸秆含有丰富的氮、磷、钾、钙、镁、硫、硅等多种营养元素和，直接翻入土壤，可以改善土壤理化性状，培肥地力。推广生物腐烂剂（生物分解剂、生物酵素等）。

（三）种植绿肥

引导农民种植绿肥，即可以用于喂饲，实行过腹还田，又可以直接还田或堆沤绿肥，使土壤肥力有较大幅度的恢复和提高。

（四）合理轮作调整农作物布局

调整种植业结构要因地制宜，根据当地气候条件、土壤条件、作物种类、周围环境等，合理布局，优化种植业结构，要实行玉米、大豆、杂粮（或者经济作物）轮作制，推广粮草间作、粮粮间作、粮薯间作等，不仅可以使耕地地力得到恢复和提高，增加土壤的综合生产能力，还能够增加农民收入，提高经济效益。

（五）建立保护性耕作区

保护性耕作主要是免耕、少耕、轮耕、深耕、秸秆覆盖和化学除草等技术的集成。目前，已在许多国家和地区推广应用。农业部保护性精细耕作中心提供的资料表明，保护性耕作技术与传统深翻耕作相比，可降低地表径流60%，减少土壤流失80%，减少大风扬沙60%，可提高水分利用率17%~25%，节约人畜用工50%~60%，增产10%~20%，提高效益20%~30%。由此可见，实施保护性耕作不仅可以保持和改善土壤团粒结构，提高土壤供肥能力，增加含量，蓄水保墒，而且能降低生产成本，提高经济效益，更有利于农业生态环境的改善。

尽快探索出符合现有经济发展水平和农业机械化现状的、具有区域特色的保护性耕作模式。在普及化学除草基础上，免耕、少耕、轮耕等方法互补使用。提高大型农机具的作业比例，实行深松耕法轮作制，使现有的耕层逐渐达到25cm左右。

二、建议

（一）加强领导、提高认识，科学制定土壤改良规划

进一步加强领导，研究和解决改良过程中重大问题和困难，切实制定出有利于粮食安全，农业可持续发展的改良规划和具体实施措施。财政、金融、土地、水利、计划等部门要协同作战，全力支持这项工作。鼓励和扶持农民积极进行土壤改良，兼顾经济、社会、生态效益，促使土壤良性循环，为今后农业生产奠定坚实基础。

（二）加强宣传培训，提高农民素质

各级政府应该把耕地改良纳入工作日程，组织科研院所和推广部门的专家，对农民进行专题培训，提高农民素质，使农民深刻认识到耕地改良是为了子孙后代造福，是一项长远的增强农业后劲的一项重要措施。农民自发的积极参与土壤改良，才能使这项工程长久地坚持下去。

（三）加大建设高标准良田的投资力度

抓住中央对农业、农村政策倾斜，对产粮大户给予资金支持的机遇，建设标准粮田，完善水利工程、防护林工程、生态工程、科技示范园区等工程的设施建设，防治水土流失。

（四）建立耕地质量监测预警系统

为了遏制基本农田的土壤退化、地力下降趋势，国家应立即着手建设耕地监测网络机构，组织专家研究论证，设立监测站和监测点，利用先进的卫星遥感影像作为基础数据，结合耕地现状和GPS定位观测，真实反映出耕地的生产能力及其质量的变化。

（五）建立耕地改良示范园区

针对各类土壤障碍因素，建立一批不同模式的土壤改良利用示范园区，抓典型、树样板，辐射带动周边农民，推进土壤改良工作的全面开展。

第三部分

黑龙江省七台河市区耕地地力评价专题报告

第八章 大豆适宜性评价专题报告

大豆是七台河市区的主栽作物。大豆富含蛋白质、脂肪，营养丰富，利于人体的吸收，是我国四大油料作物之一。大豆对土壤适应能力较强，几乎所有的土壤均可以生长，从土质来看，沙质土、壤土、轻碱土等都可以种植大豆。对土壤的碱度适应范围（pH 值）在 6～7.5 之间，以排水良好、富含、土层深厚、保水性强的土壤为最适宜。大豆在田间生长条件下，每生产 100kg 籽粒，需吸收氮素（N）7.2kg，五氧化二磷（P_2O_5）1.2-1.5kg，氧化钾（K_2O）2.5kg。比生产等量的小麦、玉米需肥都多。大豆虽然可以固定空气中的游离氮素，但仅能供给大豆生育所需氮素的 1/2～2/3，其余还要从土壤中吸收，因此，对氮肥的需求最高。大豆需水较多，每形成 1kg 物质，需耗水 600～1 000g，比高粱、玉米还要多。大豆对水分的要求在不同生育期是不同的。种子萌发时要求土壤有较多的水分，以满足种子吸水膨胀萌芽之需。大豆是喜温作物，在温暖的环境条件下生长良好。发芽最低温度在 6～8℃，以 10～12℃发芽正常，生育期间以 15～25℃最适宜，大豆进入花芽分化以后温度低于 15℃发育受阻，影响受精结实，后期温度降低到 10～12℃时灌浆受影响。整个生育期要求 1 700～2 600℃的活动积温。大豆是七台河市区农业生产的主导产业，但是近几年来，部分地区盲目扩大大豆种植面积，产量低，效益极差，因此，我们根据地力评价结果，评价出适宜种植的区域，为市区大豆生产提供技术指导具有重要意义。

一、评价指标评分标准

用 1—9 定为 9 个等级打分标准，1 表示同等重要，3 表示稍微重要，5 表示明显重要，7 表示强烈重要，9 极端重要。2、4、6、8 处于中间值。

二、权重打分

1. 总体评价准则权重打分（图 3-1）

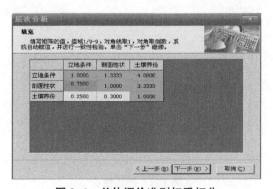

图 3-1 总体评价准则权重打分

2. 评价指标分项目权重打分

立地条件（图3-2）。

图3-2 立地条件

土壤养分（图3-3）。

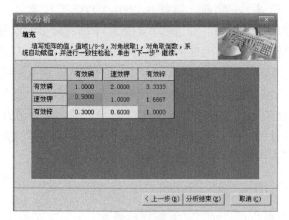

图3-3 土壤养分

剖面性状（图3-4）。

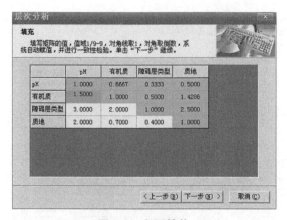

图3-4 剖面性状

三、大豆适宜性评价指标隶属函数的建立

1. pH 值

（1）pH 值专家评估（表 3–1）。

表 3–1 pH 值专家评估

pH 值	4.6	5.0	5.4	5.8	6.2	6.6	7.0
隶属度	0.35	0.48	0.64	0.78	0.9	1.0	0.9

（2）pH 值隶属函数拟合（图 3–5）

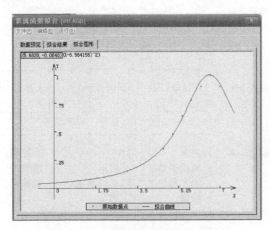

图 3–5 pH 值隶属函数曲线（峰型）

2. 有机质隶属函数拟合（表 3–2，图 3–6）。

表 3–2 有机质隶属函数拟合

有机质	10	20	30	40	50	60
隶属度	0.35	0.48	0.68	0.85	0.95	1.0

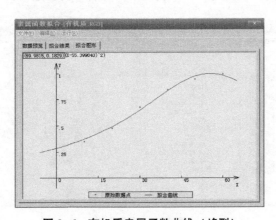

图 3–6 有机质隶属函数曲线（峰型）

四、大豆适应性评价层次分析

采用层次分析法确定每一个评价因素对耕地综合地力的贡献大小。

（一）构造评价指标层次结构图

根据各个评价因素间的关系，构造了以下层次结构图。

================层次分析报告==================

模型名称：七台河市区大豆适宜性评价层次分析模型

计算时间：2011-12-20 上午 07：43：54

--------------------构造层次模型--------------------

目标层 → [3]

准则层 → | 立地条件 | | 剖面性状 | | 土壤养分 |

指标层 →

坡向	pH值	有效磷
地貌类型	有机质	速效钾
地形部位	障碍层类型	有效锌
坡度	质地	

（二）建立层判断矩阵

采用专家评估法，比较同一层次各因素对上一层次的相对重要性，给出数量化的评估。专家评估的初步结果经合适的数学处理后（包括实际计算的最终结果——组合权重）反馈给专家，请专家重新修改或确认，经多轮反复形成最终的判断矩阵。

（三）确定各评价因素的综合权重

利用层次分析计算方法确定每一个评价因素的综合评价权重（图3-7）。

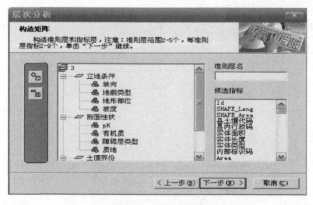

图3-7 层次分析

得出以下层次分析结果（表3-3）。

表3-3　层次分析结果

==

层次 C

层次 A	立地条件 0.495 4	剖面性状 0.384 9	土壤养分 0.119 6	组合权重 $\sum C_i A_i$
坡向	0.130 4			0.064 6
地貌类型	0.283 4			0.140 4
地形部位	0.418 5			0.207 3
坡度	0.167 7			0.083 1
pH 值		0.131 8		0.050 7
有机质		0.229 0		0.088 2
障碍层类型		0.441 6		0.170 0
质地		0.197 6		0.076 0
有效磷			0.555 6	0.066 5
速效钾			0.277 8	0.033 2
有效锌			0.166 7	0.019 9

==

本报告由《县域耕地资源管理信息系统 V3.2》分析提供（表3-4，图3-8、图3-9）。

表3-4　大豆适宜性指数分级

地力分级	地力综合指数分级（IFI）
高度适宜	>0.865 7
适宜	0.663 0~0.865 7
勉强适宜	0.564 0~0.663 0
不适宜	<0.564 0

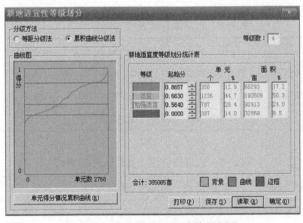

图3-8　大豆耕地适宜性等级划分

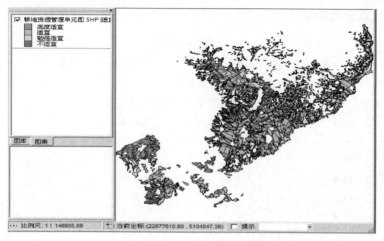

图 3-9　大豆适宜性评价等级

五、评价结果与分析

这次大豆适宜性评价将市区耕地划分为四个等级：高度适宜耕地面积 2 257.3hm²，占市区耕地总面积 17.2%；适宜耕地面积 7 042.9hm²，占市区耕地总面积 50.3%；勉强适宜耕地面积 3 363.5hm²，占市区耕地总面积 24%；不适宜耕地面积 1 155.2hm²，占市区耕地总面积 8.5%（表 3-5 至表 3-7）。

表 3-5　大豆不同适宜性耕地地块数及面积统计　　　　　　　　　（单位：hm²）

适应性	地块个数	面积（hm²）	所占比例（%）
高度适宜	358	2 257.3	17.2
适宜	1 236	7 042.9	50.3
勉强适宜	787	3 363.5	24.0
不适宜	387	1 155.2	8.5
合计	2 768	13 818.9	100

表 3-6　大豆适宜性乡镇面积分布统计　　　　　　　　　（单位：hm²）

乡　镇	面积	高度适宜	适宜	勉强适宜	不适宜
种畜场	11 465.8	1 308.3	6 306.9	2 995.1	855.6
红旗镇	1 934.9	885.7	533.1	218.7	297.4
万宝河镇	418.2	63.3	202.9	149.8	2.2

表 3-7　大豆适宜性土类面积分布统计　　　　　　　　　（单位：hm²）

乡　镇	面积	高度适宜	适宜	勉强适宜	不适宜
暗棕壤	2 715.9	—	—	1 568.5	1 147.4
白浆土	747.2	—	—	19.1	728.1

（续表）

乡　镇	面积	高度适宜	适宜	勉强适宜	不适宜
黑土	6 539.4	1 704.0	4 835.4	—	—
草甸土	3 574.2	526.7	1 472.9	1 571.9	2.7
沼泽土	215.7	—	6.6	204.1	5.0
水稻土	26.6	26.6	—	—	—

从大豆不同适宜性耕地的地力等级的分布特征来看，耕地等级的高低与地形部位、土壤类型及土壤质地密切相关。高中产耕地从行政区域看，主要分布在红旗镇和种畜场西部，这一地区土壤类型以黑土、白浆土、草甸土为主，地势较平缓，坡度较小；低产土壤则主要分布在种畜场中部、东部等地区，这些地区的耕地土层薄，质地差，地势起伏较大，行政区域包括种畜场四、九等管理区，土壤类型主要是暗棕壤、沼泽土等土壤类型（表3-8）。

表3-8　大豆不同适宜性耕地相关指标平均值　　　　　（单位：mg/kg）

适宜性	有机质	碱解氮	有效磷	速效钾	有效锌	pH 值
高度适宜	50.2	196.7	41.6	162.3	1.8	5.5
适宜	40.0	182.8	40.8	135.8	1.4	5.4
勉强适宜	46.1	223.7	49.5	152.4	1.6	5.4
不适宜	42.3	198.4	43.6	136.2	1.4	5.3

1. 高度适宜

七台河市区大豆高度适宜耕地面积 2 257.3hm^2，占全市耕地总面积的 17.2%。主要分布在种畜场、红旗镇、万宝河镇等场镇，面积大的是种畜场，其次是红旗镇、万宝河镇。土壤类型以黑土、草甸土为主（表3-9）。

表3-9　大豆高度适宜耕地相关指标统计　　　（单位：mg/kg、g/kg）

养分	平均	最大	最小
有机质	50.1	83.8	23.3
碱解氮	196.6	306.4	115.9
有效磷	41.6	88	5.9
速效钾	162.3	372	82
有效锌	1.8	8.9	0.3
pH 值	5.5	6.9	4.9

大豆高度适宜耕地所处地形相对平缓，侵蚀和障碍因素很小，耕层各项养分含量高。土壤结构较好，质地适宜，一般为重壤土，容重适中，土壤 pH 值在 4.9~6.9，养分含量丰富，平均有机质 50.1mg/kg，有效锌平均 1.8mg/kg，有效磷平均 41.6mg/kg，速效钾平均 162.3mg/kg，保水保肥性能较好，有一定的排涝能力。该级地适于种植大豆，产量水平高。

2. 适宜

市区大豆适宜耕地面积 7 042.9hm²，占市区耕地总面积 50.3%。主要分布在种畜场、红旗镇、万宝河镇等场镇，面积最大为种畜场，其次为红旗镇、万宝河镇。土壤类型以黑土、草甸土为主（表 3-10）。

表 3-10　大豆适宜耕地相关指标统计 （单位：mg/kg、g/kg）

养分	平均	最大	最小
有机质	40.0	89.8	16.8
碱解氮	182.8	321.1	92.7
有效磷	40.7	88	6.5
速效钾	135.8	387	66
有效锌	1.4	8.93	0.2
pH 值	5.5	6.6	4.7

大豆适宜地块所处地形平缓，侵蚀和障碍因素小。各项养分含量较高，质地适宜，一般为中壤土、轻黏土，容重适中，土壤大至微酸性，pH 值在 4.7~6.6，养分含量较丰富，有机质含量平均为 40.0mg/kg，碱解氮平均为 182.8 mg/kg，有效磷平均 40.7mg/kg，速效钾平均 135.8mg/kg，有效锌平均 1.4mg/kg，保肥性能好。该级地适于种植大豆，产量水平较高。

3. 勉强适宜

市区大豆勉强适宜耕地面积 3 363.5hm²，占全市耕地总面积的 24%，主要分布在种畜场、红旗镇、万宝河镇等场镇。土壤类型以暗棕壤、白浆土、草甸土、沼泽土为主。

大豆勉强适宜地块所处地形坡度大或低洼，侵蚀和障碍因素大。各项养分含量偏低，质地较差，一般为轻黏土或中黏土，土壤微酸性，pH 值在 4.9~6.3，含量平均为 46.1mg/kg，碱解氮平均为 223.7mg/kg，有效磷平均 49.5mg/kg，速效钾平均 152.4mg/kg，有效锌平均 1.6mg/kg，养分含量较低。该级地勉强适于种植大豆，产量水平较低（表 3-11）。

表 3-11　大豆勉强适宜耕地相关指标统计 （单位：mg/kg、g/kg）

养分	平均	最大	最小
有机质	46.1	77.1	14.8
碱解氮	223.7	313.4	126.1
有效磷	49.5	87.8	19.1
速效钾	152.4	428	71
有效锌	1.6	7.9	0.2
pH 值	5.4	6.3	4.9

4. 不适宜

市区大豆不适宜耕地面积 1 155.2hm²，占市区耕地总面积 8.5%。主要分布在种畜场、红旗镇、万宝河镇等场镇。土壤类型以暗棕壤、白浆土、草甸土、沼泽土为主（表3-12）。

表3-12　大豆不适宜耕地相关指标统计　　　（单位：mg/kg、g/kg）

养分	平均	最大	最小
有机质	42.3	77.5	14.8
碱解氮	198.4	296.5	99.2
有效磷	43.6	78.1	17.9
速效钾	136.2	355	70
有效锌	1.4	8.9	0.2
pH 值	5.4	6.0	4.9

大豆不适宜地块所处地形坡度极大或低洼地区，侵蚀和障碍因素大。各项养分含量低，土壤大都微酸性，pH 值在 4.9~6.0，养分含量较低，有机质含量平均为 42.3mg/kg，碱解氮平均为 198.4mg/kg，有效磷平均 43.6mg/kg ，速效钾平均 136.2mg/kg，有效锌平均 1.4mg/kg。该级地不适于种植大豆，产量水平低。

第九章　七台河市耕地地力评价与种植业布局报告

一、概况

七台河市位于黑龙江省东部，佳木斯南侧，东经 130.1°~131.933 3°，北纬 45.583 3°~46.333 3°。东与宝清县、密山市接壤，西与依兰县毗邻，南与鸡东县、林口县交界，北与桦南界相连。东西长 130km，南北长 80km，总面积 6 221km²，其中，市区面积 3 646km²。现辖新兴区、桃山区、茄子河区、种畜场、勃利县，共 18 个乡镇场，235 个行政村，其中，市区 99 个，勃利县 136 个。据 2010 年统计资料，总人口 92.7 万人，其中，农业人口 30.2 万人，非农业人口 62.5 万人。全市农作物播种总面积 175 133hm²，主要是旱田、水田、经济作物、菜田、果园等。

（一）气候条件

七台河市属于温寒带大陆性季风型气候，主要特点是：春季偏旱、少雨多风、蒸发量大；夏季炎热、雨量集中；秋季短、降温快；冬季长而寒冷、降雪少。全年热量、水分、日照等气候条件，能够满足一年一熟农作物生长需要。

1. 气温与地温

七台河地区年平均气温 2.4~3.9℃。一般在 3 月末至 4 月初开始解冻。7 月份最热，月平均气温 20.9~22.8℃，极端最高气温 37.4℃。地温也是全年最高的月份，月平均地温 26.3℃。1 月份最冷，月平均气温-19.1~-17.5℃，极端最低气温达-34.8℃。地温也是全年最低的月份，月平均地温-18.8℃，冻土深度为 1.5~2.0m，年 ≥10℃的活动积温平均 2 408.9℃，东部地区≥10℃的有效活动积温平均 2 200℃。

2. 降水与蒸发

七台河市因受季风和地形的影响，季节降水很不平衡。从地理分布上看，东部低山区比西部丘陵漫岗区偏多。年降水量 525~545mm，降水集中在 7—9 月，降水量为全年降水量的 50%~57%。蒸发量是随着气温上升而增加，据历年观测，年平均蒸发量为 1 300~1 500mm，是年平均降水量的 2 倍多。

3. 风

春、夏、秋、冬，季风交替，春夏西南风向，秋冬西北风向。春季大风加速了土壤蒸发，导致十春九旱。4 月风速最大，平均风速 5.1m/秒，4 月大风次数平均 10.2 次。夏季多为西南风，秋季风向由偏南转偏西。春风较大，由于冷暖空气交替频繁，常有偏南和西北大风，刮风日数较多，占全年大风日数的 44%，平均 8 级以上的大风约 10 次，最大风力可达 9~10 级，大风经常保持 3~4 天。

4. 日照

历年平均日照时数 2 467～2 568 小时，西部偏高，东西日照差为 101 小时，作物生育期（5—9 月）日照时数 1 717 小时，占全年日照总数的 45.6%。全年太阳总辐射量 120 千卡/cm² 以上，每亩 8 亿千卡，作物生育期每亩 5.4 亿千卡，占全年辐射量的 67%。

（二）水文情况

全市水资源总量为 39 906 万 m³。其中，地表水总量 26 000 万 m³；地下水总量为 14 606 万 m³，重复量为 700 万 m³。可利用水量为 14 067 万 m³，其中，可利用地表水量 11 000 万 m³，可利用地下水量 3 067 万 m³。年实际用水量为 2 030 万 m³，其中，农业用水量 1 217 万 m³、工业用水量 529 万 m³、生活用水量 260 万 m³、年其他用水量 2 万 m³、地下水开采率 36%。

地表水：七台河市现有主要河流 17 条，水库 26 座，其中，桃山水库积雨面积 2 100km²，蓄水量 2.64 亿 m³，是黑龙江省第二大人工水库。七台河市区境内由倭肯河及挠力河两大水系组成。倭肯河水系组成了七台河市区的西南部地区，挠力河水系组成了七台河市区的东北部地区。倭肯河水系有主流倭肯河，支流七台河、挖金鳖河、万宝河、茄子河、中心河、龙湖河等；挠力河水系有主流挠力河，支流大泥鳅河、小泥鳅河、岚峰河等。

地下水：全市地下水总资源量为 1.46 亿 m³，常年可开采利用量为 0.31 亿 m³。地下水的水质良好，多为重碳酸钙镁型水和重碳酸钙钠型水，可供植物生长需要。地下水的贮存与分布受地貌和地质条件的控制，河谷和山区相差较大。在倭肯河和挠力河干流的河谷平原区，为沙砾石孔隙浅水，水位埋深 1～5m，含水层厚度 12～25m，单井涌量 100～1 000t/日，水量中等。各支流山间沟谷，有狭长的冲积滩地，为砂砾石孔隙浅水，单井涌量 10～100t/日，水量贫乏，水位埋深 1～5m，汗水层厚度由 4～10m 不等。

（三）地貌

地形地貌是形成土壤的重要因素，它可直接影响到土壤水、热及其养分的再分配以及各种物质转化和转移。我市属于低山丘陵区，整个地势东南高西北低，形成东南向西北逐渐倾斜的狭长地形。按地形变化、水热的分配和土壤分布，可划分成漫岗地、低山丘陵、河滩地和山间谷地 4 个地貌类型。

二、种植业布局的必要性

土壤是农作物赖以生存的基础，土壤理化性状的好坏，直接影响作物的产量。因此，开展耕地地力调查，查清耕地的各种营养元素的状况，做出作物适宜性评价结果图。科学指导农业生产，实现农业良性发展，确保粮食安全，为黑龙江省千亿斤粮食产能工程的顺利实现提供保障。

开展耕地地力调查，了解土壤的养分状况，实现平衡施肥，避免盲目施肥带来的农产品品质下降、肥料利用率差和污染环境等一系列问题。可在等量或减少化肥投入情况下提高作物产量，达到节本增效的目的。可提高化肥利用率，防治地下水被污染，提高环境保护质量，对发展生态农业和绿色食品生产都具有一定的益处，能最大限度地保证农业收入的稳步增加。

开展耕地地力调查，为农业提供合理布局，降低由于不良的栽培习惯给农业带来的风险，促进农民增收。近年，农民在自己的土地上栽培作物的单一化，以及过度依赖化肥，化肥的投入量逐年增加，给土壤环境造成破坏，土壤的养分状况失衡，土壤板结现象日趋严重。做好地力调查，可充分了解土壤状况，降低农民在农业生产中过度投入，降低生产成本，真正实现农民增收的目标。

三、现有种植业布局及问题

（一）种植业结构与布局现状及评价

1984 年市区耕地播种面积为 15 133.3hm²，其中粮豆播种面积 13 200hm²，占总播种面积的 87.2%；20 世纪 80 年代后半期开始，以种植蔬菜、瓜果为主的庭院经济兴起。蔬菜、经济作物播种面积逐年增大，2010 年全市经济作物播种面积达 12 096hm²。2010 年全市农作物总播种面积 169 070hm²，其中，粮食作物 156 692hm²，产量 645 196t，水稻面积 17 236hm²，产量 125 557t，玉米面积 67 801hm²，产量 370 287t，大豆 69 529hm²，产量 137 148t，其他粮食作物面积 1 126hm²；经济作物播种面积 12 096hm²，产量 173 926t；饲料作物播种面积 282hm²。种植业结构仍以粮豆作物为主，产值结构也以粮豆作物比重最大。

20 年来，粮食结构演变的总趋势是，随着耕地面积的不断增加和机械化程度的不断提高，种植业结构由玉豆麦为主向以豆、玉、稻为主的格局转变，由于经济作物产量及价格的影响，经济作物面积也在不断扩大。

（二）几种主要作物布局及评价

农业生产是以各种作物为劳动对象，并通过它们的生长、发育过程将资源中的能量和物质转化、贮存、积累成人们的生活资料和原料，是人类赖以生存的最基本的生产，作物生产是农业生产的基本环节。各种作物在一定区域内，形成了与之相适应的特点，而影响作物生长发育的主要因素各有不同。以下以作物布局和种植制度的演变过程为基础，阐明主要作物生产与生态分区。

1. 粮豆

1983 年，粮豆的种植面积为 14 835.7hm²，总产量 3 334.5t。随着种植业结构调整，大豆面积呈逐年上升的趋势，2010 年面积增加到 21 929hm²，产量增加到 31 620t。

2. 水稻

20 世纪 80 年代受水资源的限制，全市种植面积较小，水稻播种面积 217hm²，总产量 690t，到 2010 年水稻播种面积为 2 305hm²，总产 16 093t。

3. 玉米

1983 年，玉米是全市主要粮食作物之一，玉米播种面积比较平稳，全年播种面积 2 122.6hm²，总产 6 984.5t；2010 年全市玉米播种面积为 17 722hm²，总产 65 453t。

农作物布局调整：市区大豆播种面积 9 300.2 hm² 为适宜，适合市区大豆主栽品种为黑农 37、黑农 38、垦鉴豆 23、合丰 50、东农 38；玉米播种面积 10 038.5 hm² 为适宜，适合市区玉米主栽品种有绥玉 7、哲单 37、垦玉 6、龙单 40；市区水稻种植主要集中在种畜场一作业区，主要品有空育 131、龙粳 13、垦稻 12，应在现有的设施基础上，适当增加种植面积，但面积不宜增加过大。

（三）现有种植结构调整存在的问题

（1）有关政策的扶持和保护力度不够。七台河市区现行的农业政策在行政措施、经济手段等方面对种植业虽能有一定的扶持，但由于扶持的力度不够，种植业还处于较低的水平。

（2）品种结构复杂，主产业不突出。目前，七台河市区种植业中以大豆为主，其次是玉米和水稻，没有形成一定的品种规模优势，没有主栽品种且品种过多过杂，单一品种的面积小。品种过多和分散经营造成无法形成品牌效应，极大地限制了优势特色产品的发展。

（3）农业基础设施落后。虽然技术力量较为雄厚，但由于硬件设施的不完备，雨养农业的现状还是制约了种植业的发展。

（4）农产品加工水平落后，流通环节不畅。大豆、玉米、水稻是市区种植业主要产品，但几乎没有深加工途径，主要以输出为主，农产品的附加值极低。

四、地力情况调查结果及分析

七台河市区行政区域总面积 242 055hm²，市区耕地面积 53 295hm²，主要是旱田、水田、经济作物、菜地、苗圃等。本次耕地地力评价耕地面积 13 818.9 hm²，划分为 4 个等级：一级地 1 174.3hm²，占耕地总面积的 8.5%；二级地 2 209.9hm²，占耕地总面积的16.1%；三级地 5 906.7hm²，占耕地总面积的 42.7%；四级地 4 528hm²，占耕地总面积的32.7%；一级、二级地属高产田土壤，面积共 3 384.2hm²，占耕地总面积的 24.6%；三级地为中产田土壤，面积为 5 906.7hm²，占耕地总面积的 42.7%；四级地为低产田土壤，面积 4 528hm²，占耕地总面积的 32.7%。

（一）一级地地力情况分布

一级地 1 174.3hm²，占耕地总面积的 8.5%。主要面积分布在红旗镇、种畜场、万宝河镇。主要土壤类型为黑土、草甸土等。

（二）二级地地力情况分布

二级地 2 209.9hm²，占耕地总面积 16.1%。主要分布在种畜场、红旗镇。主要土壤类型为黑土、草甸土、水稻土等。

（三）三级地地力分布情况

三级地 5 906.7hm²，占耕地总面积的 42.7%。主要分布在红旗镇、种畜场、万宝河镇。主要土壤类型为黑土、草甸土、白浆土、暗棕壤等。

（四）四级地地力分布情况

四级地 4 528hm²，占耕地总面积 32.7%。主要分布在种畜场、红旗镇、万宝河镇。主要土壤类型为暗棕壤、草甸土、沼泽土等。

五、大豆适宜性评价结果

根据本次耕地地力调查结果及作物适宜性评价，将市区大豆适宜性划分为 4 个等级（表 3-13）。

表 3-13　大豆不同适宜性耕地地块数及面积统计　　　　　　　　（单位：hm²）

适应性	地块个数	面积（hm²）	所占比例（%）
高度适宜	358	2 257.3	17.2
适宜	1 236	7 042.9	50.3

（续表）

适应性	地块个数	面积（hm²）	所占比例（%）
勉强适宜	787	3 363.5	24.0
不适宜	387	1 155.2	8.5
合计	2 768	13 818.9	100

1. 高度适宜

市区大豆高度适宜耕地面积 2 257.3hm²，占市区耕地总面积的 17.2%。主要分布在种畜场、红旗镇、万宝河镇，种畜场占高度适宜耕地面积最多，其次是红旗镇、万宝河镇。土壤类型以黑土、草甸土为主。

大豆高度适宜耕地所处地形相对平缓，侵蚀和障碍因素很小。耕层各项养分含量高，土壤结构较好，质地适宜，一般为重壤土。容重适中，土壤 pH 值在 4.9~6.9。养分含量丰富，平均有机质 50.1g/kg，有效锌平均 1.8mg/kg，有效磷平均 41.6mg/kg，速效钾平均 162.3mg/kg。保水保肥性能较好，有一定的排涝能力。该级地适于种植大豆，产量水平高。

2. 适宜

市区大豆适宜耕地面积 7 042.9hm²，占市区耕地总面积 50.3%。主要分布在种畜场、红旗镇、万宝河镇，面积最大为种畜场，其次是红旗镇、万宝河镇。土壤类型以黑土、草甸土为主。

大豆适宜地块所处地形平缓，侵蚀和障碍因素小。各项养分含量较高，质地适宜，一般为中壤土、轻黏土。容重适中，土壤大至微酸性，pH 值在 4.7~6.6。养分含量较丰富，有机质含量平均为 40.0g/kg，碱解氮平均为 182.8mg/kg，有效磷平均 40.7mg/kg，速效钾平均 135.8mg/kg，有效锌平均 1.4mg/kg，保肥性能好。该级地适于种植大豆，产量水平较高。

3. 勉强适宜

市区大豆勉强适宜耕地面积 3 363.5hm²，占市区耕地总面积的 24%，主要分布在种畜场、红旗镇、万宝河镇。土壤类型以暗棕壤、白浆土、草甸土、沼泽土为主。

大豆勉强适宜地块所处地形坡度大或低洼，侵蚀和障碍因素大。各项养分含量偏低，质地较差，一般为轻黏土或中黏土。土壤微酸性，pH 值在 4.9~6.3。有机质含量平均为 46.1g/kg，碱解氮平均为 223.7mg/kg，有效磷平均 49.5mg/kg，速效钾平均 152.4mg/kg，有效锌平均 1.6mg/kg，养分含量较低。该级地勉强适于种植大豆，产量水平较低。

4. 不适宜

市区大豆不适宜耕地面积 1 155.2hm²，占市区耕地总面积 8.5%。主要分布在种畜场、红旗镇、万宝河镇。土壤类型以暗棕壤、白浆土、草甸土、沼泽土为主。

大豆不适宜地块所处地形坡度极大或低洼地区，侵蚀和障碍因素大。各项养分含量低。土壤大都微酸性，pH 值在 4.9~6.0。养分含量较低，有机质含量平均为 42.3g/kg，碱解氮平均为 198.4mg/kg，有效磷平均 43.6mg/kg，速效钾平均 136.2mg/kg，有效锌平均 1.4mg/kg。该级地不适于种植大豆，产量水平低（表3-14）。

表 3-14 大豆适宜性土类面积分布统计 （单位：hm²）

乡 镇	面积	高度适宜	适宜	勉强适宜	不适宜
暗棕壤	2 715.9	—	—	1 568.5	1 147.4
白浆土	747.2	—	—	19.1	728.1
黑土	6 539.4	1 704.0	4 835.4		
草甸土	3 574.2	526.7	1 472.9	1 571.9	2.7
沼泽土	215.7	—	6.6	204.1	5.0
水稻土	26.6	26.6	—	—	—

六、对策与建议

通过开展市区耕地地力调查与质量评价，基本查清了市区耕地类型的地力状况及农业生产现状，为七台河市区农业发展及种植业结构优化提供了较可靠的科学依据。种植业结构调整除了因地种植外，还要与全市的经济、社会发展紧密联系相连。

（一）国民经济和社会发展的需求

随着人民群众生活水平和消费层次不断提高，对自身的生活质量由原来的数量满足型向质量提高型转变。大力推进农业和农村经济结构的战略性调整，使农业增效、农民增收已经成为农业和农村的重要任务。因此，种植业生产结构和布局的调整要以市场为导向，按市场定生产，发展优势项目。在农村种植业结构调整中，应做到因地制宜、扬长避短，实现人无我有、人有我优、人优我廉。现有条件下，应在传统的大豆和水稻上做文章，生产绿色水稻、绿色大豆、高油大豆，还有市场较为抢手的芽豆，发挥传统产业的优势，逐步开拓南方市场，形成特色产业，做到基地和企业相结合，形成产供销一条龙，只有这样，农村种植业在市场上才能立于不败之地。

（二）科学发展，使农业向着良性轨道运行

1. "良种良法"配套

积极推进单产水平的提高和专业化生产。选择先进科学技术是调整种植结构，发展优质、低耗、高效农业的基础。加速科技进步、加强技术创新，是提高农产品市场竞争力的根本途径。优化结构，促进产业升级，除了解决好品种问题之外，还需要有相应配套的现代农业技术作为支撑。应重点加强与新品种相对应的施肥培肥技术、耕作技术等。为促进主要作物专业化生产和满足不同社会需求，重点是发展高油与高蛋白大豆、优质水稻、各种加工专用型与饲用型玉米。

2. 加强标准化生产

从大豆、玉米、水稻等重点粮食作物抓起，把先进适用技术综合组装配套，转化成易于操作的农艺措施，让农民看得见，摸得着，学得来，用得上，用生产过程的标准化保证粮食产品质量的标准化。从种子、整地、播种、田间管理、收获和加工等关键环节抓起，快速提高单位面积产量。在有条件的地方，实行粮食的标准化生产，为高标准搞好春耕生产提供了基础和条件。粮食标准化生产的实施要搞好技术培训，加大高产优质高效粮食生产栽培技术的培训力度，确保技术到村、到户、到田间地头。

（三）加强农业基础设施建设，提高农业抵御自然灾害的能力

1. 加强农业基础设施的投入和体制创新

通过加强农业基础设施的投入和体制创新以及增加财政用于农业特别是农田水利设施投资的比例，改变七台河市区农田水利基础设施落后的面貌。加强基本农田建设，首先以基本农田建设为重点，改善局部土壤条件，拦蓄降水，减少径流和土壤流失，提高保水保土保肥能力。

2. 改良土壤

通过深松、精耙中耕、合理轮作等措施，促进土壤养分活化。同时，使土壤理化性质得以改善，增加土壤储水，提高土壤蓄水保墒能力。不断加大有机肥的投入量，保持和提高土壤肥力。对中低产田可以通过农艺、生物综合措施进行改良，使其逐步变成高产稳产农田。营造经济型生态林，改善生态环境。同时，要控制工业废料对农田的污染。

3. 发展绿色和特色产业

提高农产品质量安全水平是调整农业结构的有效途径，不仅仅是要调整各种农产品数量比例关系，更重要的是要调整农产品品质结构，全面提高农产品质量。减少劣质品种的生产、选择优质品种，探索最佳种植模式等，已成为当前农业结构调整的重点。必须大力发展"优质高效"农业，扩大优质产品在整个农产品中所占的比重，实现农产品生产以大路货品为主，向以优质专用农产品为主的转变。

七、种植业分区

遵循自然规律制定作物区划，本着合理利用自然资源，发挥资源优势。讲求经济效益，合理安排商品生产与自给性生产的原则，以作物分布现状为基础，将本市划分为 4 个种植区。

（一）东北部低山丘陵暗棕壤，豆杂粮区〔Ⅰ区〕

1. 基本情况

本区位于七台河市东北部，由红卫、岚峰两乡合并为宏伟镇。该区地势较高，海拔在220~590m，有效积温 2 200℃左右，早霜平均出现在 9 月，无霜期不足 110 天。耕地大部分为沟谷山地，自然肥力和含量相对较高。无霜期短，春季回暖晚，秋季来霜早，主要农业气候灾害是低温、霜冻。

2. 发展方向和主要措施

本区种植业结构应以大豆、生育期稍短玉米品种为主，其次是薯类、杂粮等。除此之外，应充分发挥山区优势，建立以林为主，林、农、牧、副结合的文明山区，除此之外，还应积极发展经济作物和果树生产。

主要措施：部分山地应退耕还林，减少水土流失。充分利用山地资源，发展副业，在种植业生产上要应用综合的农业技术措施，选用早熟、高产品种，增施有机肥、培肥地力，精耕细作，取得高产稳产。

（二）东南部低山丘陵暗棕壤，豆薯产区〔Ⅱ区〕

1. 基本情况

本区位于七台河市东南部，包括铁山乡和中心河乡的一部分自然村屯，海拔 240~280m，有效积温为 2 370~2 485℃，无霜期平均为 119~124 天，初霜日期平均在 9 月 20 日，终霜日期平均在 5 月 23 日。本区易受低温、早霜危害，土壤板结，黑土层薄，土壤养分含量低。

2. 发展方向和主要措施

种植业结构以大豆、玉米为主，其次水稻、杂粮等。总的发展方向是以林、农、副结合。积极兴建水土保持工程，陡坡地要退耕还林，耕种土壤要增施有机肥，培肥地力，合理轮作，逐步改变因白浆层引起的土壤板、瘦、冷的不利条件。

（三）中部漫岗平原白浆土，粮、菜、薯区〔Ⅲ区〕

1. 基本情况

本区位于七台河市中部，包括茄子河镇的兴龙村、万龙村及中心河乡的部分村屯。海拔高度 200~240m，有效积温大约 2 445℃，初霜日期平均在 9 月 26 日，终霜日期平均在 5 月 12 日。春风大且持续时间长，部分坡岗地水土流失严重，白浆土不良性状表现明显，和速效养分含量均低于我市各土壤平均值，跑水跑肥。

2. 发展方向和主要措施

种植结构与布局上应以粮、豆、菜、薯综合种植为主。一是发展畜牧业；二是发展以秋菜、薯类及瓜类等经济作物，粮食生产上要充分利这一地区的气候、水利、土地资源。本区应结合土壤深松增施有机肥，改善土壤水、肥、气、热四性，加强轮作。

（四）西部漫岗黑土，蔬菜产区〔Ⅳ区〕

1. 基本情况

本区包括万宝河镇、红旗镇、长兴乡和茄子河镇大部分村屯，农业气候与Ⅲ区相似。大部分村的土地开垦年限较长，土壤质地黏重，蓄水能力差，含量低。本区突出特点是：由于漫岗地形自然条件使这里形成很多小气候区，大部分土地地温比较高，这些自然资源优势对于发展蔬菜保护地生产较为有利。

2. 发展方向和主要措施

本区地处城郊，基本农田建设和水利灌溉设施较完善，加之交通方便，是七台河市蔬菜集中产地。种植业发展方向就是在稳定现有蔬菜种植面积基础上，大力发展经济效益高的蔬菜保护生产基地，要扶持蔬菜贮藏和加工专业大户。要进一步搞好排灌配套，增施农肥，培肥地力，逐渐形成园田化，做到蔬菜四季高产，保证市区用菜。

第十章 七台河市区耕地地力评价与平衡施肥专题报告

一、概况

七台河市位于完达山西端，与老爷岭交接处，地属低山丘陵漫岗区，东、南、北三面环山，西部为丘陵。整个地势东南高西北低，形成东南向西北逐渐倾斜的狭长地带。低山丘陵是完达山的余脉和残山，山体坡度大，海拔在 240~695m。丘陵漫岗地分布在低山丘陵外围，受新构造运动的影响，形成大的波状起伏。海拔在 180~240m，坡度为 4°~15°。河滩地在倭肯河及其支流的两岸，呈带状分布，地势低、平，海拔高度 160~180m。山间谷地在丘陵漫岗之间，地势平坦、宽阔，呈条或枝状分布，海拔高度在 180~200m。

土壤资源共分为 6 个类型：暗棕壤、白浆土、黑土、草甸土、沼泽土、水稻土。各类土壤的分布情况是：黑土分布在丘陵漫岗上，是主要耕作土壤。草甸土是第二大类耕作土壤，分布在河流两岸，白浆土主要分布在低山丘陵外围、暗棕壤主要分布在低山丘陵处、沼泽土主要分布在河流两岸。

影响七台河市土壤变化的主要因素有：气候、地貌、植被、母质土和人为耕种活动。由于七台河市季节温和昼夜温差都很大，这有利于土壤的自然风化和松散。自然降水会造成土壤的干湿交替和上层滞水，对于土壤养分积累起重要作用。风对七台河市土壤的影响主要表现在春风可使土壤缺水干旱、表土风蚀并影响作物发育。全市主要地貌为丘陵漫岗，丘陵中还星罗密布地分布着沟谷，这样的地貌对水土保持是不利的。七台河市土壤自然植被较少，特别是林区暗棕壤上的针阔混交林植被的开垦，不利于水土保持和生态环境的保护。七台河市形成土壤的母质多为松散沉积物，以堆积、洪积、冲积等黄土状沉积物和棕黄色壤质黏土为主。土质较黏，利于保水，潜在养分较充足。

（一）开展专题调查的背景

七台河市区垦殖已有 80 多年的历史，肥料在新中国成立后才开始使用，从肥料应用和发展历史来看，大致可分为 4 个阶段。

（1）早期农田多为新开垦土地，土质肥沃，主要靠自然肥力发展农业生产，均不施肥。多年耕种后，地力减弱，施少量农家肥即能保持农作物连续增产。肥料品种主要是农家细肥的家畜粪便，施肥方法为扬施。1958 年后施用农家肥，面积迅速扩大，20 世纪 60 年代对施肥方法和积肥方法进行了改进，改扬施为滤施，改分散施为集中施，改少施为多施。积肥方法上推行小堆改大堆，混积改单积，冷积改热积。

（2）20 世纪 70—80 年代，施肥仍以有机肥为主、化肥为辅，农家肥施用呈上升趋势，亩施量由 1 000kg 增到 1 500kg。但施肥主要集中在高产作物上，且类肥质量差，满足不了作物生长需要。到了 20 世纪 70 年代末，化学肥料"三料、二铵、尿素和复合肥"开始少量应用到耕地中，以氮肥为主，氮磷肥混施，有机肥和化肥混施，提高了化肥利用率，增产效果显著，粮食产量不断增长。

（3）20世纪80—90年代，十一届三中全会以后，实行了家庭联产承包责任制。这一时期化肥施用已普及。化肥施用呈上升趋势，施肥品种也出现了变化。氮肥以尿素为主、磷肥以二铵为主、钾肥为氯化钾和硫酸钾。随着化肥施用量的上升，农家肥施用呈下降趋势，出现了"重化肥、轻农肥"现象，此时期农家肥质量有较大提高，多为农家细肥，亩施量800~1 000kg。

（4）20世纪90年代至今，随着农业部配方施肥技术的深化和推广，针对当地农业生产实际进行了施肥技术的重大改革，开始对耕地土壤化验分析，根据土壤测试结果，结合3 414等田间肥效试验，形成相应配方，指导农民科学施用肥料，实现了氮、磷、钾和微量元素的配合使用。2009年化肥施用量增加到10 504t，从1984—2009年这25年间，化肥年用量增加了8 990t，增长594%。

（二）开展专题调查的必要性

耕地是作物生长的基础，了解耕地土壤的地力状况和供肥能力是实施平衡施肥最重要的技术环节，因此，开展耕地地力评价，查清耕地的各种营养元素的状况，对提高科学施肥技术水平，提高化肥利用率，改善作物品质，防止环境污染，维持农业可持续发展等都有着重要的意义。

所谓平衡施肥，就是根据土壤测试、田间试验数据、施肥经验，根据农作物需肥规律，养分利用系数，合理确定适用于不同土壤类型、不同作物品种提出氮、磷、钾及中微量元素的适宜比例和肥料配方。

1. 开展耕地地力调查，提高平衡施肥技术水平，是稳定粮食生产、保证粮食安全的需要

保证粮食安全是人类生存的基本需要。粮食安全不仅关系到经济发展和社会稳定，还有深远的政治意义。近几年来，我国一直把粮食安全作为各项工作的重中之重，随着经济和社会的不断发展，耕地逐渐减少和人口不断增加的矛盾将更加激烈，21世纪人类将面临粮食等农产品不足的巨大压力，为维持粮食安全生产，必须充分发挥农业科技支撑作用和引领作用，以保证粮食的持续稳产和高产。平衡施肥技术是节本增效、增加粮食产量的一项重要技术，随着作物品种的更新、布局的变化，土壤的基础肥力也发生了变化，在原有基础上建立起来的平衡施肥技术体系已不能适应新形势下粮食生产的需要，必须结合本次耕地地力调查和评价结果对平衡施肥技术进行重新研究，制定适合本地生产实际的平衡施肥技术措施。

2. 开展耕地地力调查，提高平衡施肥技术水平，是增加农民收入的需要

七台河市区虽然是以煤炭为主的资源型城市，但粮食生产收入占农民收入的比重很大，是维持农民生产和生活所需的根本。在现有条件下，自然生产力低下，农民不得不投入大量生资来维持粮食的高产，目前化肥投入占整个生产投入的50%以上，但经济效益却逐年下降。只有对市区的耕地地力进行认真的调查与评价，运用更好地发挥平衡施肥技术增产潜力，提高化肥利用率，达到增产增收的目的。

3. 开展耕地地力调查，提高平衡施肥技术水平，是发展绿色农业的需要

随着中国加入WTO对农产品提出了更高的要求，农产品流通不畅就是由于产品质量低、成本高造成的，农业生产必须从单纯地追求高产、高效向绿色（无公害）农产品方向

发展，这对施肥技术提出了更高、更严的要求，这些问题的解决都必须要求了解和掌握耕地土壤肥力状况、掌握绿色（无公害）农产品对肥料施用的质化和量化的要求，所以，必须进行平衡施肥的专题研究。

二、调查方法和内容

（一）布点与土样采集

依据《全国耕地地力调查与质量评价技术规程》，利用七台河市区土壤图、基本农田保护图和土地利用现状图叠加产生的图斑作为耕地地力调查的调查单元。此次参与评价的七台河市区耕地面积为 13 818.9hm²，按照 40~50hm² 一个采样点的原则，样点布设覆盖了此次耕地地力评价所有的村屯。土样采集在春播前进行的，在选定的地块上进行采样，大田采样深度为 0~20cm，每块地平均选取 15 个点，用四分法留取土样 1kg 做化验分析，采集土壤样品 321 个，并用 GPS 进行定位。

（二）调查内容

布点完成后，按照农业部测土配方施肥技术规范中的《测土配方施肥采样地块基本情况调查表》《农户施肥情况调查表》内容，对取样农户农业生产基本情况进行了详细调查。

三、专题调查的结果与分析

（一）耕地肥力状况调查结果与分析

本次耕地地力调查与质量评价工作，共对 321 个土样的有机质、全氮、全磷、全钾、碱解氮、有效磷、速效钾、有效锌、pH 值等进行了分析，统计结果，见表 3-15。

表 3-15 七台河市区耕地养分含量统计值　　　　　（单位：g/kg mg/kg）

	有机质	碱解氮	有效磷	速效钾	pH 值	全氮
平均值	45.3	198.5	44.3	143.9	5.5	2.032
最大值	89.8	321.1	88.1	428.0	6.9	4.865
最小值	14.8	92.7	5.9	66	4.7	0.206
	全磷	全钾	Zn	Cu	Mn	Fe
平均值	0.61	17.9	1.49	2.8	66.6	133
最大值	1.32	27.3	8.93	5.69	170.0	245.7
最小值	0.09	9.14	0.2	0.13	10.6	55.1

与第二次土壤普查时相比较，只有有效磷有所增加，其余各项均呈下降趋势。主要原因是地力过度消耗，重施无机肥，轻有机肥，施肥比例不合理，二铵施用量过大。第二次土壤普查至今 26 年耕地养分变化情况，见表 3-16，图 3-10。

表 3-16 七台河市区耕地养分平均值对照　　　　　（单位：g/kg mg/kg）

	有机质	碱解氮	有效磷	速效钾	全氮
本次调查	45.3	198.5	44.3	143.9	2.032
第二次普查	57.9	230	10.0	184.0	2.5

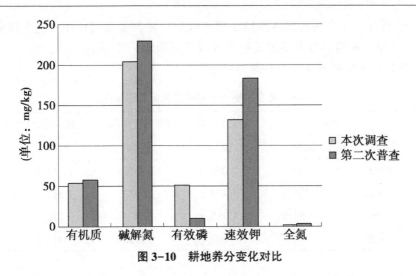

图3-10　耕地养分变化对比

1. 土壤有机质

调查结果表明：耕地土壤平均含量45.3g/kg，变幅在14.8～89.8g/kg；第二次土壤普查时为57.9g/kg，平均下降12.6g/kg。

2. 碱解氮

调查结果表明：耕地土壤碱解氮平均含量198.5mg/kg，变幅在92.7～198.5mg/kg；第二次土壤普查时为230.0mg/kg，碱解氮平均下降31.5mg/kg。

3. 有效磷

调查结果表明：耕地土壤有效磷平均含量44.3mg/kg，变幅在6.0～88.1mg/kg；第二次土壤普查时为10mg/kg，有效磷平均上升34.3mg/kg。分析原因为施肥比例不合理，追求片面生产效益，二铵施用量过大，土壤产生拮抗作用，磷素长年累积形成。

4. 速效钾

调查结果表明：耕地土壤速效钾平均含量143.9mg/kg，变幅在66～428mg/kg；第二次土壤普查时为184.0mg/kg，速效钾平均下降40.1mg/kg。

5. 土壤全氮

调查结果表明：耕地土壤全氮平均含量2.032g/kg，变幅在0.206～4.865g/kg；第二次土壤普查时平均为2.5g/kg，全氮平均下降0.468g/kg。

（二）各乡镇耕地土壤养分分级与评价

1. 各乡镇耕地土壤养分分级与评价

表3-17　各乡镇耕地土壤分级面积统计　　　　　　　　　　　（单位：hm²）

乡镇	面积	等级1（很高）	等级2（高）	等级3（中等）	等级4（低）	等级5（很低）
		面积	面积	面积	面积	面积
合　计	13 818.9	1 582.9	4 420.5	6 153.2	1 583.7	78.7
种畜场	11 465.7	1 431.9	3 267.7	5 368.3	1 319.2	78.7
红旗镇	1 934.9	124.2	761.3	784.9	264.5	—
万宝河镇	418.3	26.8	391.5	—	—	—

由表 3-17 可知，七台河市区各乡镇土壤有机质总体含量级别较高，绝大部分耕地处在 3 级（中等）水平，种畜场部分耕地处在 5 级（很低量级）水平。

2. 各乡镇耕地土壤碱解氮养分分级与评价

表 3-18　各乡镇耕地土壤碱解氮分级面积统计　　（单位：hm²）

| 乡镇 | 面积 | 等级 1（很高） | 等级 2（高） | 等级 3（中等） | 等级 4（低） | 等级 5（很低） |
		面积	面积	面积	面积	面积
合　计	13 818.9	1 402.3	7 001.3	3 235.8	2 154.8	443.8
种畜场	11 466.5	1 336.4	5 477.8	2 707.7	1 517	427.6
红旗镇	1 935	65.9	1 215.8	417.6	219.5	16.2
万宝河镇	836.4	—	307.7	110.5	418.2	—

由表 3-18 可知，各乡镇土壤碱解氮养分大部分在 2 级、3 级，处于高、中等级，其中，种畜场、红旗镇部分耕地处在 5 级（很低）水平。

3. 各乡镇耕地土壤全氮养分分级与评价

表 3-19　各乡镇耕地土壤全氮分级面积统计　　（单位：hm²）

| 乡镇 | 面积 | 等级 1（很高） | 等级 2（高） | 等级 3（中等） | 等级 4（低） | 等级 5（很低） |
		面积	面积	面积	面积	面积
合　计	13 818.9	2 357.3	3 002.9	4 159.9	3 653.4	645.8
种畜场	13 731.2	2 265.8	2 459.8	3 451.9	2 831.1	457.6
红旗镇	1 934.9	91.5	468	364.8	822.3	188.2
万宝河镇	418.2	—	75.1	343.2	—	—

由表 3-19 可知，各乡镇土壤全氮养分大部分在 2 级、3 级、4 级，处于高、中、低 3 个等级，其中，种畜场、红旗镇部分耕地处在 5 级（很低）水平。

4. 各乡镇耕地土壤有效磷养分分级与评价

表 3-20　各乡镇耕地土壤有效磷分级面积统计　　（单位：hm²）

| 乡镇 | 面积 | 等级 1（很高） | 等级 2（高） | 等级 3（中等） | 等级 4（低） | 等级 5（很低） |
		面积	面积	面积	面积	面积
合　计	13 818.9	—	6 824.2	6 515.6	408.9	70.3
种畜场	11 465.8	—	5 783.7	5 333.1	296.2	52.9
红旗镇	1 934.9	—	677.9	1 126.9	112.7	17.4
万宝河镇	418.2	—	362.6	55.6	—	—

由表 3-20 可知，各乡镇土壤有效磷养分大部分在 2 级、3 级，处于高、中 2 个等级，市区没有 1 级（很高）面积，其中，种畜场、红旗镇部分耕地处在 5 级（很低）水平。

5. 各乡镇耕地土壤速效钾养分分级与评价

表 3-21 各乡镇耕地土壤速效钾分级面积统计 （单位：hm²）

乡镇	面积	等级 1（很高）	等级 2（高）	等级 3（中等）	等级 4（低）	等级 5（很低）
		面积	面积	面积	面积	面积
合　计	13 818.9	1 227.8	3 364.6	7 860.6	1 603.9	—
种畜场	11 465.7	1 143.7	2 382.5	6 760.9	1 178.6	—
红旗镇	1 934.9	84.1	696.2	843.7	310.9	—
万宝河镇	418.3	—	47.9	256.0	114.4	—

由表 3-21 可知，各乡镇土壤速效钾养分大部分在 2 级、3 级，处于高、中 2 个等级，市区没有 5 级（很低）面积，其中，种畜场、红旗镇部分耕地处在 1 级（很高）水平。

（三）市区施肥情况调查结果与分析

以下为这次调查农户肥料施用情况，共计调查 67 户农民（表 3-22）。

表 3-22 七台河市区主要作物施肥情况统计 （单位：kg/hm²）

施肥量	N	P_2O_5	K_2O	$N : P_2O_5 : K_2O$
大豆	54.0	70.5	30.0	1 : 1.31 : 0.55
玉米	135.8	69.0	35.0	1 : 0.51 : 0.21

在我们调查的 67 户农户中，只有 8 户施用有机肥，占总调查户数的 12%，农肥施用比例低、施用量少，平均为 1 200kg/hm²。主要是禽畜过圈粪和秸秆肥等，处于较低水平。七台河市区 2009 年每公顷耕地平均施用化肥 300kg，氮、磷、钾肥的施用比例 1 : 0.41 : 0.38，与科学施肥比例相比还有一定的差距，从肥料品种看，化肥品种由过去的单质尿素、二铵、钾肥向高浓度复合化、长效复合（混）肥方向发展，复合肥比例上升到 40.5% 左右。近几年叶面肥、微肥也有了一定范围的推广应用，主要用于瓜菜类，其次用于玉米、水稻、大豆。

四、耕地土壤养分与肥料施用存在的问题

（1）耕地土壤养分失衡。这次调查表明，七台河市区耕地土壤有机质下降 12.8g/kg，有效磷上升 34.3mg/kg，土壤速效钾下降 51.4mg/kg。

（2）耕地土壤有机质不断下降的原因，是开垦的年限比较长，近些年有机肥施用的数量过少，而耕地单一施用化肥的面积越来越大、土壤板结、通透性能差、致使耕地土壤越来越硬；农机田间作业质量下降耕层越来越浅，致使土壤失去了保肥保水的性能。

土壤有效磷含量增加的原因是以前大面积过量施用二铵，并且磷的利用率较低（不足 20%），使磷素在土壤中富集。

土壤速效钾含量下降的原因是以前只注重氮磷肥的投入，忽视钾肥的投入，钾素成为目前限制作物产量的主要限制因子。

（3）重化肥轻农肥的倾向严重，有机肥投入少、质量差。目前，农业生产中普遍存在

着重化肥轻农肥的现象，过去传统的积肥方法已不复存在。由于农业机械化的普及提高，有机肥源相对集中在少量养殖户家中，这势必造成农肥施用的不均衡和施用总量的不足。在农肥的积造上，由于没有专门的场地，农肥积造过程基本上是露天存放，风吹雨淋造成养分的流失，使有效养分降低，影响有机肥的施用效果。

（4）化肥的使用比例不合理。部分农民没有根据作物的需肥规律，土壤的供肥性能，科学合理施肥，大部分盲目施肥，造成施肥量偏高或不足，影响作物产量，有些农民为了省工省时，不从耕地土壤的实际情况出发，仅采取一次性施肥，这样对保水保肥条件不好的瘠薄性地块，容易造成养分流失和脱肥现象，限制作物产量。

五、平衡施肥规划和对策

（一）平衡施肥规划

依据《耕地地力调查与质量评价规程》，七台河市区基本农田分为 4 个等级（表 3-23）。

表 3-23　基本农田统计　　　　　　　　　（单位：hm²、%、kg/hm²）

地力分级	地力综合指数分级（IFI）	耕地面积	占基本农田面积（%）	产量
一级	>0.86	1 174.3	8.5	>8 000
二级	0.83~0.86	2 209.9	16.1	7 000~8 000
三级	0.69~0.83	5 906.7	42.7	6 500~7 000
四级	0.00~0.69	4 528.0	32.7	5 500~6 500

根据各类土壤评等定级标准，七台河市区各类土壤划分为 3 个耕地类型。

高肥力土壤：包括一级地和二级地；

中肥力土壤：包括三级地；

低肥力土壤：包括四级地。

根据 3 个耕地土壤类型制定七台河市区平衡施肥总体规划。

1. 玉米平衡施肥技术

根据七台河市区耕地地力等级、玉米种植方式、产量水平及有机肥使用情况，确定七台河市区玉米平衡施肥技术指导意见（表 3-24）。

表 3-24　漫岗区玉米施肥模式　　　　　　　（单位：kg/hm²、hm²）

地力等级		目标产量	有机肥	N	P₂O₅	K₂O	N、P、K 比例
高肥力区	1	9 000	20 000	95.8	33	25	1：0.34：0.26
	2						
中肥力区	3	8 300	20 000	115.8	50	30	1：0.43：0.26
低肥力区	4	6 000	20 000	135.8	69	35	1：0.51：0.26
	5						

在肥料施用上，提倡底肥和追肥相结合。氮肥：全部氮肥的 1/3 做底肥，2/3 做追肥；

磷肥：全部磷肥做底肥；钾肥：全部做底肥随氮肥和磷肥深层施入。

2. 大豆平衡施肥技术

根据七台河市区耕地地力等级、大豆种植方式、产量水平及有机肥使用情况，确定七台河市区大豆平衡施肥技术指导意见（表3-25）。

表 3-25　漫岗区大豆施肥模式 （单位：kg/hm²、hm²）

地力等级		目标产量	有机肥	N	P_2O_5	K_2O	N、P、K 比例
高肥力区	1 2	5 000	20 000	40.0	60.5	30.0	1∶1.51∶0.75
中肥力区	3	4 000	20 000	46	65.5	40.0	1∶1.42∶0.87
低肥力区	4 5	3 000	20 000	54.0	70.5	50.0	1∶1.31∶0.93

在肥料施用上将全部的氮磷钾肥用做底肥，并在生育期间喷施二次叶面肥。

（二）平衡施肥对策

1. 提高科学施肥水平，大力推广测土施肥

当前提高科学施肥水平，最有效的手段是进行测土配方施肥。测土配方施肥是农业部实施的推广项目，是为农民所办实事之一。七台河市区2009年承担了此项目，取得了明显成效。3年来，采土化验7 000个，根据化验数据，结合其他生产条件，为农户制定了科学施肥方案，并全部以配方施肥卡的形式发放到户，对提高七台河市区科学施肥水平起到了推动作用，今后这项工作还应不断完善提高。

一是在配方上实行有机肥与无机肥相结合，以有机肥为主。二是重视化肥基础上配施中量元素肥料、微肥和生物肥。三是改进施肥方法和时期。根据作物需肥规律、作物总施肥量和品种，在作物生长的各阶段合理分期施肥，特别应重视满足作物中后期不脱肥，达到肥效利用最大化。在施肥方法上，要创造条件达到大豆分层深施肥和侧深施肥；玉米用机械刨埯深施肥，大豆提倡秋深施肥。四是优化施肥品种。当前七台河市氮肥品种为尿素，磷肥品种是二铵，钾肥品种是氯化钾和硫酸钾，还有50%以上氮磷钾复合肥或专用肥。各种肥料成分不一，其生产厂家多，肥料质量参差不齐，农民难以适从，也给配方施肥效果带来影响。今后应逐步按测土配方操作规程，实行采土化验、肥效试验、制定配方、供应配方肥、施用配方肥一条龙服务来提升测土配方施肥档次，进而达到选择肥料品种合理，优化施肥结构施肥方法和施肥时期，利于提高肥料利用率，投肥成本降低、作物产量提高、品质增强、减少环境污染的目标。五是合理施用叶面肥。叶面肥作为补充作物中后期营养元素是可行的。但是，当前叶面肥品种众多，质量良莠不齐，给农户选择带来了困难。选择应用不当，影响肥效，也带来不应有经济损失。因此，在今后深化配方肥上，叶面肥的使用和肥效的提高也是重点抓的项目之一。

2. 增施有机肥培肥地力，缓解土壤养分失衡

有机肥养分含量全、作用持久，对培肥地力缓解土壤养分失衡，提高作物产量能起到基础作用。主要应采取如下措施。

（1）提高有机肥施用重要性的认识。目前，虽然化肥应用量大，对粮食增产也起到了一定的作用，农民认识程度也高，但有机肥在培肥地力、平衡土壤养分、提高作物产量和品质、减少环境污染等方面作用，绝不会因增加化肥投入量可以代替。相反，有机肥投入减少、养分不平衡、地力和产量必然下降。近年来，虽然靠施用化肥维持了农作物产量，但化肥价格居高不下，占生产成本比重大，削减了粮食增收效益。此外，长期单一使用化肥，必然使土地贫瘠，土壤条件恶化。走有机和无机相结合的施肥原则是必然选择，否则，必然会受到自然规律和经济规律的惩罚。为此，必须提高干部群众认识，加强领导，协调各方面的力量，克服短期行为，处理好用地和养地关系。

（2）制定相应政策，修建完善积肥设施，调动人们积造施用有机肥的积极性。一是要加大资金投入，给农户发放培肥地力补贴，解决积造施用有机肥比较效益低问题；二是结合新农村建设，修建和完善积肥设施。修建比较规范、经久耐用、利于积造肥的标准化积肥设施，这是保证粪肥回收和提高粪肥积造质量的关键一环；三是对从事有机肥生产的企业或专业队要给予扶持。在资金、税收等方面制定优惠政策；四是奖罚分明，奖要起到激励作用，罚要起到警示作用。

（3）发展龙头企业，带动养畜大户。发展以畜牧业产品深加工的龙头企业，是调动牲畜量增长的拉动力量。一要完善兑现龙头带基地、基地连农户的产业格局政策；二要对养畜户粪便实行集中堆沤，提高积肥效果。可以以商品肥形式下摆到农户，确保施到农田中，防止污染环境和养分流失现象发生。

（4）广辟肥源。

①大力发展养畜禽积肥：要借助农牧"主辅换位"契机，继续保持养畜禽数量的高位增长。

②提高有机肥回收利用率：畜多不等于粪多，还要取决于积肥设施。要新建和修建标准化积肥设施，包括畜禽棚舍、厕所、灰仓等，这是提高粪肥回收利用率和提高粪肥积造质量的关键一环。除此，还要做好城粪回收提高其回收利用率，这样也有利于城市环境卫生事业发展。

③搞好秸秆还田：目前，市区主要进行了作物根茬还田，少部分玉米实行了高茬还田，秸秆直接粉碎还田面积很小。应结合成立农机合作社，购买秸秆还田机械，大力开展示范引导，来逐步增加秸秆直接粉碎还田面积。同时，要引导农户使用秸秆腐熟剂、田间堆沤剂等来提高秸秆还田质量和效果。

④种植绿肥和青贮饲料：通过种植草木樨等绿肥，既可培肥土壤，又可作为作物牲畜饲用原料。种植饲用玉米，并进行青贮，也是解决牲畜饲料来源的重要途径，同时，一部分青贮玉米根茎经过处理，也可翻压还田，从而增加土壤含量。

⑤进行有机肥的工厂化生产：采用生物技术，走工厂化道路，使传统有机肥和有机生活垃圾商品化、无害化和精制化。工厂化生产有机肥，要走价格低廉和施肥量减少之路，才能取代一部分化肥在市场上的占有量。

附　　录

附表1　村级土壤养分统计 （单位：g/kg、mg/kg）

乡镇	村名称	全氮			全磷			全钾			碱解氮		
		平均值	最小值	最大值	平均值	最小值	最大值	平均值	最小值	最大值	平均值	最小值	最大值
种畜场	第一作业区	2.063	0.758	3.485	0.6	0.2	1.2	17.5	11.5	22.7	152.9	92.7	218.3
种畜场	第二作业区	1.688	0.227	3.498	0.5	0.3	1	16.7	14	21.3	195.2	126.1	269.5
种畜场	第三作业区	2.086	0.881	4.169	0.6	0.1	1.2	18.6	15.7	23.5	205.7	153.6	274.8
种畜场	第四作业区	1.68	0.953	4.082	0.6	0.3	1.1	16.8	14.2	21.4	145.8	112.1	205.4
种畜场	第五作业区	2.1	0.992	4.865	0.6	0.3	1.3	19.3	14	23.6	190.2	132	278.9
种畜场	第六作业区	1.818	0.206	3.498	0.5	0.2	0.9	17.4	13	21.1	194.8	124.9	301.1
种畜场	第七作业区	2.973	1.366	4.606	0.8	0.4	1.2	14.6	9.1	18.5	258.5	178.2	313.9
种畜场	第八作业区	1.633	0.805	3.683	0.5	0.2	1.1	16.9	12.9	23	160.9	99.2	242.5
种畜场	第九作业区	1.638	1.071	2.899	0.4	0.2	0.8	16.3	14.4	21.3	187	142.8	321.1
种畜场	林业局	2.61	1.075	4.438	0.6	0.2	1.3	17.5	15	25.8	254.1	142.8	316.8
红旗镇	东升村	2.141	1.955	2.596	0.5	0.5	0.7	17.5	15.4	20.9	207	154.9	264.1
红旗镇	红光村	1.055	0.486	1.653	0.5	0.2	0.6	20	16.9	27.3	176.9	140.1	194.4
红旗镇	红旗村	1.733	0.391	2.413	0.6	0.2	1.2	23.1	17.5	26.2	157.9	107.8	219.3
红旗镇	红卫村	1.832	0.577	3.898	0.5	0.2	0.9	23.5	13.4	26.3	189.4	115.9	253.3
红旗镇	红新村	1.425	0.486	2.303	0.5	0.2	1.2	23.6	19.9	27.3	169.5	123.9	210.7
红旗镇	曙光村	2.07	1.97	2.14	0.6	0.5	0.6	17.2	15.4	18.4	197.9	156.1	258.7
红旗镇	太和村	1.63	1.039	3.574	0.4	0.2	0.9	21.9	16.4	25.5	189.6	121.3	212.9
红旗镇	新村村	1.691	1.198	2.382	0.4	0.4	0.6	20.8	17.5	25.5	170.8	164.4	182.4
红旗镇	新起村	1.726	0.391	2.136	0.7	0.2	0.8	23.8	22.5	24.8	159.4	107.8	234.5
红旗镇	红升村	1.514	0.911	2.382	0.6	0.3	1	21.6	15.5	26.3	188.5	148.2	245.2
万宝河镇	八道岗	1.95	1.818	2.18	0.9	0.7	1.1	20.3	19.9	21.4	201.1	182.1	206.4
万宝河镇	红岩村	1.953	1.819	2.257	0.8	0.6	1.1	21.2	18.1	22.3	183.7	167.1	226.9
万宝河镇	良种场村	2.067	1.905	2.142	0.6	0.5	0.6	18.9	17.2	20.5	175.2	153.5	202.1
万宝河镇	桃山村	1.905	1.905	1.905	0.8	0.8	0.8	20.3	20.1	22.1	207.6	167.1	212.9
万宝河镇	桃南村	1.904	1.879	1.933	0.7	0.7	0.8	20.3	20.1	22.1	207.6	167.1	212.9
万宝河镇	万宝村	1.905	1.905	1.905	0.8	0.8	0.8	20.1	20.1	20.1	211.1	201.9	212.9

附录 2　村级土壤养分统计　　　　　　（单位：g/kg、mg/kg）

乡镇	村名称	有效磷			速效钾			有机质			pH 值		
		平均值	最小值	最大值	平均值	最小值	最大值	平均值	最小值	最大值	平均值	最小值	最大值
种畜场	第一作业区	40.7	25.3	70.1	148.6	66	257	55.3	25.7	89.8	5.4	4.7	5.9
种畜场	第二作业区	36.9	9.5	87.9	134.7	70	223	55.3	25.7	89.8	5.4	4.7	5.9
种畜场	第三作业区	57.2	20.4	85.8	150.9	98	365	38.5	21.2	77.2	5.4	5.1	6.7
种畜场	第四作业区	34.2	6.5	67.6	138.4	93	200	32.4	17.1	51.5	5.6	5.4	5.8
种畜场	第五作业区	38.9	11.2	88	133.9	76	258	39.8	25.4	62.2	5.5	5.2	5.8
种畜场	第六作业区	47.9	11.2	85.9	127.6	86	177	39.5	14.8	83.8	5.5	5	5.8
种畜场	第七作业区	36.8	19.1	56.8	200.8	115	428	53.4	20.9	77.1	5.3	4.9	6.4
种畜场	第八作业区	35.3	11.1	68.6	129	70	235	42.2	21.5	77.8	5.6	5.4	5.9
种畜场	第九作业区	40.2	9.5	75.2	171.2	70	387	39.8	28.6	72.9	5.4	5	6.2
种畜场	林业局	56.8	14.7	80.1	144.5	70	365	52.3	28.7	83.8	52.3	28.6	83.8
红旗镇	东升村	35.6	32	48.6	132.4	93	152	60.9	48.4	68.7	5.2	5	5.3
红旗镇	红光村	53.9	36.2	88.1	122.5	71	140	31.5	26.7	54	5.2	5	5.4
红旗镇	红旗村	41.5	16.8	55.1	151.5	82	202	44	27.2	58.2	5.6	5.2	6.1
红旗镇	红胜村	49.4	32.4	64.4	147.5	135	157	56.8	49.5	68.5	5.3	5.2	31.9
红旗镇	红卫村	31.8	20.4	81.2	157.4	122	226	43.6	23.8	71.6	5.6	5.2	5.9
红旗镇	红新村	42.7	18.6	88.6	111.2	74	163	43.2	26	61.8	5.5	5.1	5.8
红旗镇	曙光村	32.7	32	33.8	128.6	93	152	59.5	48.4	68.5	5.3	5.2	5.6
红旗镇	太和村	26.9	19.5	49.7	142.8	78	299	36.1	23.8	64.7	5.8	5.2	6.9
红旗镇	新村村	47.2	20.4	57.5	142.2	135	163	49.5	33.7	54	5.4	5.4	5.9
红旗镇	新起村	47.9	35.5	55.5	130.6	82	158	44.7	27.2	51.4	5.4	5.2	5.7
红旗镇	红升村	32.4	5.9	57.5	138.5	84	238	39.1	23.3	80.8	5.5	5.2	6.1
万宝河镇	八道岗	64.4	38.3	76.5	141.1	95	162	51.1	42	55.8	5.7	5.2	6.3
万宝河镇	红岩村	55.8	32.5	76.5	94.6	71	162	48.2	44.8	56.4	5.7	5.3	6.3
万宝河镇	良种场村	37.4	32.4	56.5	139.6	119	162	61.2	53.6	68.5	5.6	5.2	5.7
万宝河镇	桃山村	44.1	44.1	44.1	119	119	119	48.8	48.8	48.8	5.6	5.6	5.6
万宝河镇	桃南村	45.4	44	55.1	113.6	71	119	48.4	44.7	48.8	5.6	5.7	5.7
万宝河镇	万宝村	44.1	44.1	44.1	119	119	119	48.7	48.7	48.7	5.6	5.6	5.6

附表3　村级土壤养分统计　　　　　　（单位：g/kg、mg/kg）

乡镇	村名称	有效锌			有效铜			有效锰			有效铁		
		平均值	最小值	最大值	平均值	最小值	最大值	平均值	最小值	最大值	平均值	最小值	最大值
种畜场	第一作业区	1.2	0.7	2.1	2.9	1.9	4.4	77.8	32.3	170	128.1	88.8	166.3
种畜场	第二作业区	2.3	0.3	3.4	1.9	0.1	4.1	59.5	39.3	88.3	119.8	55.1	180.6
种畜场	第三作业区	0.9	0.2	3.7	2.4	1.5	3.7	73.9	36	107.9	134	83.8	223.5
种畜场	第四作业区	0.9	0.5	1.6	2.7	1.5	3.6	71.2	56.2	112.7	107.9	69.9	149.9
种畜场	第五作业区	0.8	0.2	3.2	3.6	1.6	4.8	68.7	42.2	117.1	132.8	82.7	172.7
种畜场	第六作业区	1.4	0.5	3.4	2.2	1.3	3.5	71.2	42.3	118.8	116.9	55.1	189.2
种畜场	第七作业区	2.3	0.6	5.4	2.3	1.2	4.5	54.9	10.6	105.8	176.3	117.6	245.7
种畜场	第八作业区	0.9	0.5	2.5	2.7	2.2	3.5	66.9	52.9	133	127.2	92.8	199
种畜场	第九作业区	1.1	0.3	2.7	2.4	1.5	4.1	0.1	46.5	88.3	122.6	81.3	153.3
种畜场	林业局	1.8	0.4	3.7	3.6	1.5	4.9	62.2	47	100.8	164.7	81.3	229.1
红旗镇	东升村	2.9	1.3	8.9	3.2	2.5	5.4	61.3	36.5	88.9	150.4	120.5	219.1
红旗镇	红光村	1.3	0.7	1.7	2.4	2.1	2.8	66.9	49.5	73.1	101.7	65.1	117.5
红旗镇	红旗村	3.9	0.7	7.8	2.9	2	4.1	65.9	52.3	80.9	117.1	71.8	158.4
红旗镇	红胜村	2.3	0.8	4.9	2.8	2.5	3.5	59.4	38.9	64.8	115	80.3	144.2
红旗镇	红卫村	0.8	0.4	3.2	3.8	2.2	5.7	59.6	43.1	79.2	141.6	83.6	197.3
红旗镇	红新村	2.4	0.3	6.1	2.3	1.9	2.7	62.2	45.5	80.9	92.8	65.1	154.5
红旗镇	曙光村	1.6	1.3	2.5	2.7	2.5	2.9	50.4	36.5	64.8	162.5	120.5	219.1
红旗镇	太和村	5.2	1.3	8.9	2.9	1.8	4.2	68.8	27.4	93.8	110.1	69.6	160.9
红旗镇	新村村	0.8	0.4	0.9	3.1	2.5	5.7	3.1	2.5	5.7	105.4	80.3	197.3
红旗镇	新起村	3.3	0.7	4.4	2.8	2.3	3	61.8	53.2	64.1	151.9	82.2	241
红旗镇	红升村	0.7	0.4	1.5	2.9	1.6	5.7	58.5	38.5	71.1	118.2	80.3	197.3
万宝河镇	八道岗	4.7	4.2	5.1	3.6	3	4.3	63.2	53.6	79.9	63.2	53.6	79.9
万宝河镇	红岩村	4.4	2.5	5.1	4.1	2.7	4.5	75.9	37.1	88	94.7	65.1	162.4
万宝河镇	良种场村	2.1	1.3	3.3	2.8	2.7	3.2	52.3	37.1	65.3	137.8	113.9	162.4
万宝河镇	桃山村	2.2	2.2	2.2	2.8	2.8	2.8	70	70	70	95.9	95.9	95.9
万宝河镇	桃南村	2.5	2.2	4.6	2.9	2.8	4.6	71.9	70	88	93.1	71.2	95.9
万宝河镇	万宝村	2.2	2.2	2.2	2.8	2.8	2.8	70	70	70	95.9	95.9	95.9

参考文献

勃利县土壤普查办公室. 1982. 勃利县土壤 [R].

黑龙江省土肥管理站. 2010. 黑龙江省耕地地力与质量评价技术规程 [S].

胡瑞轩. 2007. 黑龙江省测土配方施肥补贴项目资料汇编 [M]. 哈尔滨：黑龙江科技出版社.

七台河市农业区划办. 1987. 七台河市农业区划 [R].

七台河市统计局. 2013. 七台河统计年鉴. (2009—2010 年) [Z].

七台河市志编纂委员会. 1992. 七台河市志（上、下卷）[M]. 哈尔滨：黑龙江人民出版社.

七台河土壤普查办公室. 1982. 七台河土壤 [R].

张炳宁，彭世琪，张月平. 2004. 县域耕地资源管理信息字典 [M]. 北京：中国农业出版社.

附　图

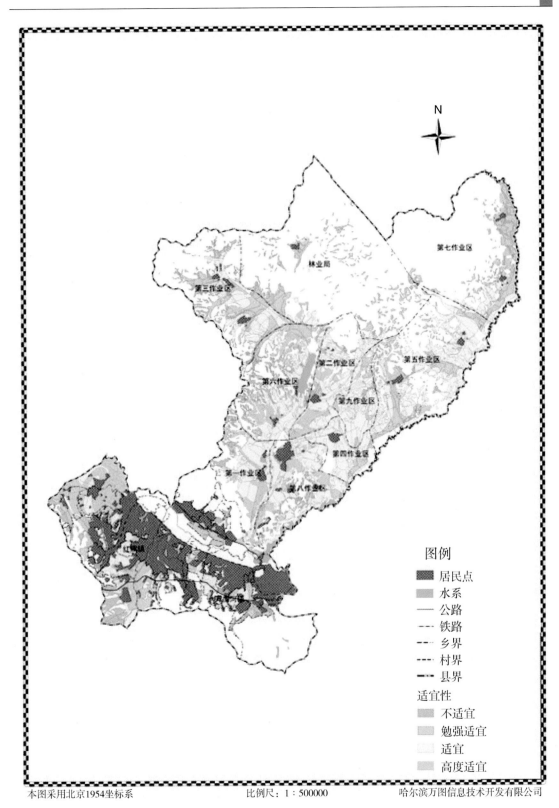

本图采用北京1954坐标系 　　　　　比例尺：1：500000 　　　　　哈尔滨万图信息技术开发有限公司

附图1　七台河市区大豆适宜性评价图

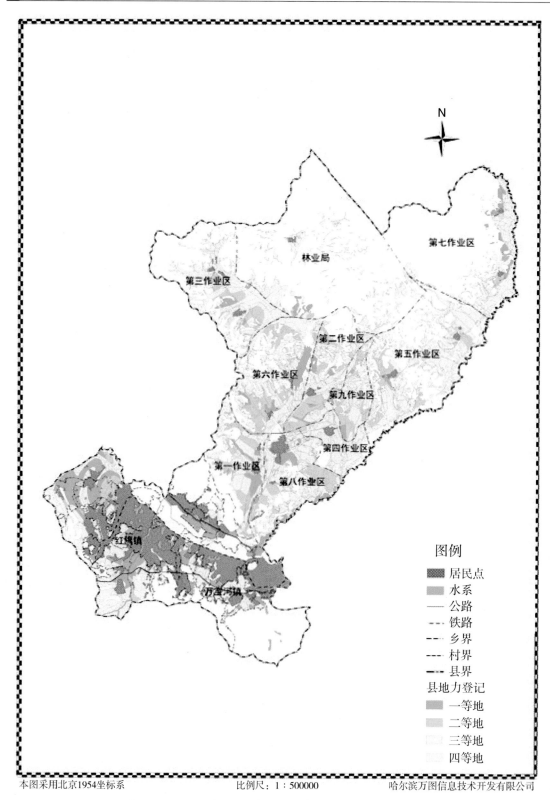

图例
居民点
水系
公路
铁路
乡界
村界
县界
县地力登记
一等地
二等地
三等地
四等地

本图采用北京1954坐标系　　　　比例尺：1：500000　　　哈尔滨万图信息技术开发有限公司

附图2　七台河市区耕地地力等级图

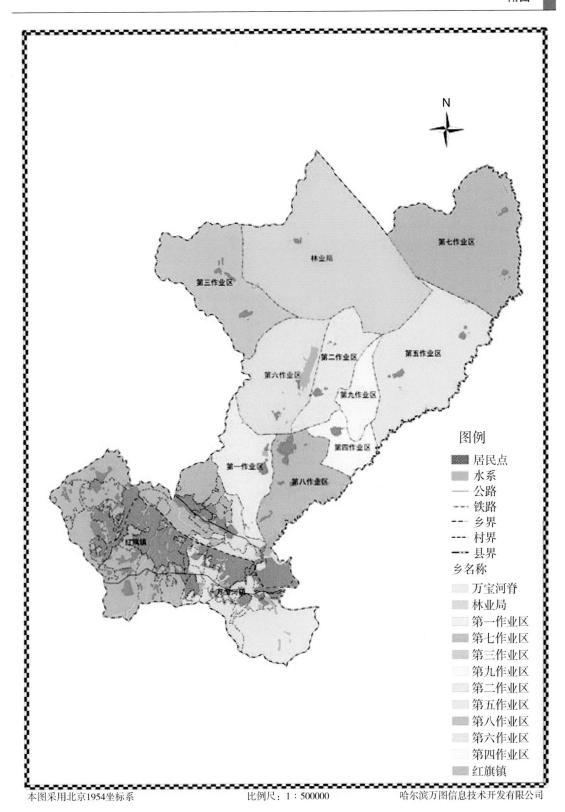

附图3　七台河市区行政区划图

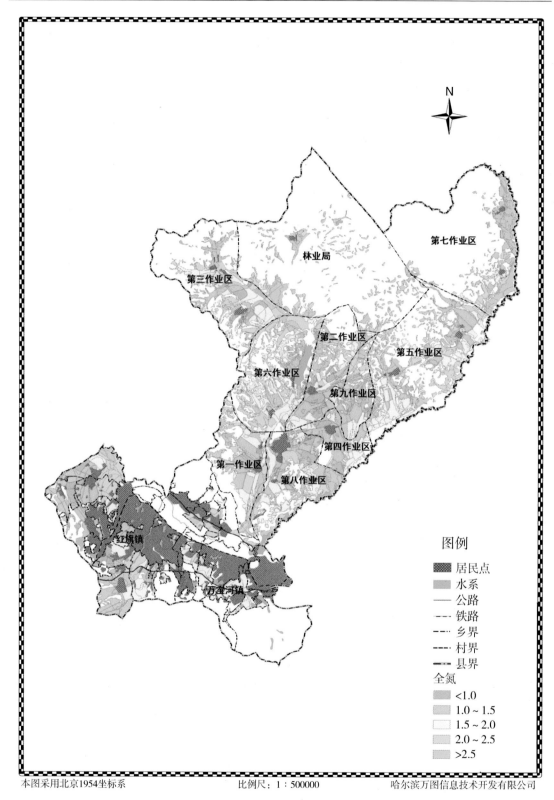

图例

- 居民点
- 水系
- —— 公路
- ——— 铁路
- ——— 乡界
- ——— 村界
- ——— 县界

全氮
- <1.0
- 1.0～1.5
- 1.5～2.0
- 2.0～2.5
- >2.5

本图采用北京1954坐标系　　　　比例尺：1：500000　　　　哈尔滨万图信息技术开发有限公司

附图4　七台河市区耕地土壤全氮分级图

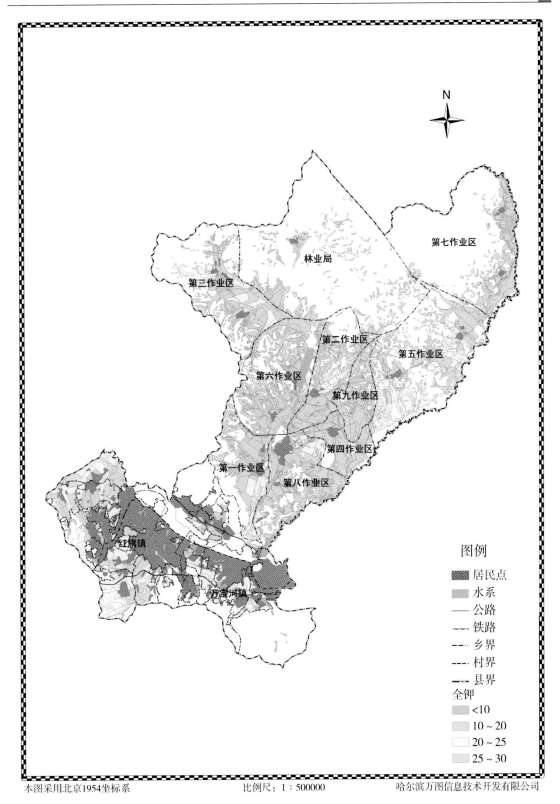

林业局

第七作业区

第三作业区

第二作业区

第五作业区

第六作业区

第九作业区

第四作业区

第一作业区

第八作业区

红旗镇

万宝河镇

图例

居民点
水系
公路
铁路
乡界
村界
县界

全钾
<10
10～20
20～25
25～30

本图采用北京1954坐标系　　　　　　比例尺：1∶500000　　　　哈尔滨万图信息技术开发有限公司

附图5　七台河市区耕地土壤全钾分级图

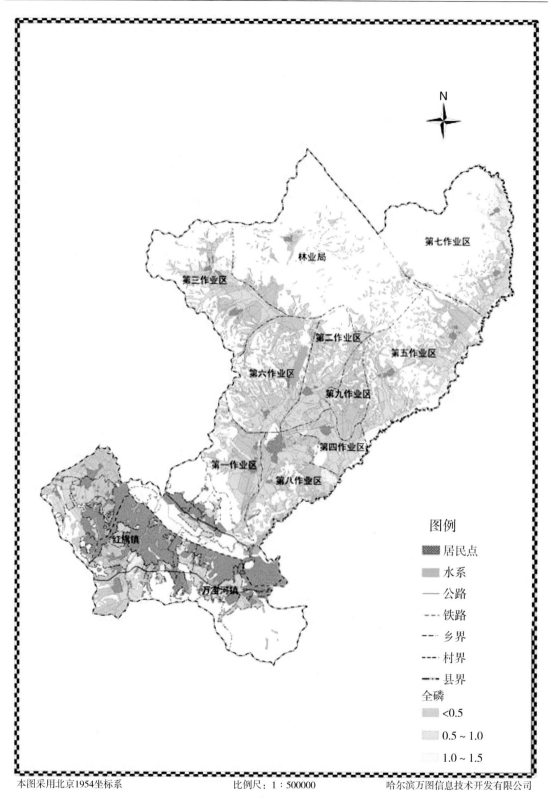

附图6　七台河市区耕地土壤全磷分级图

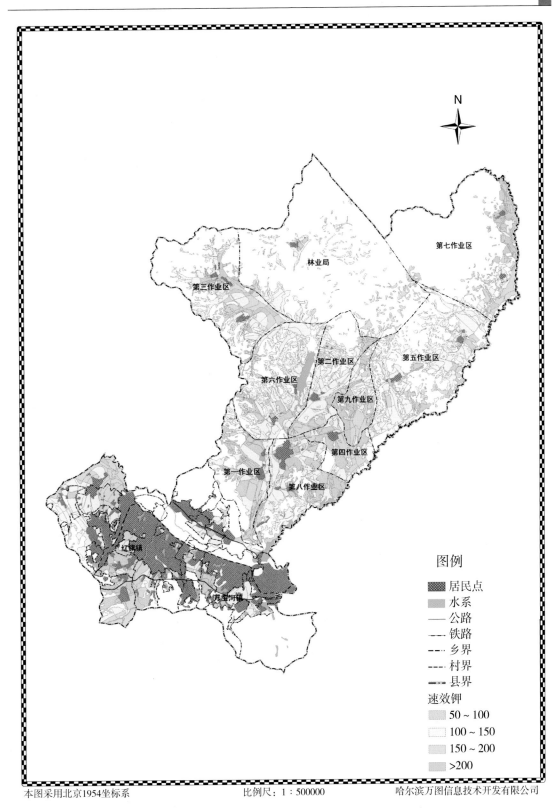

图例

居民点
水系
公路
铁路
乡界
村界
县界

速效钾
50～100
100～150
150～200
>200

第七作业区

林业局

第三作业区

第二作业区

第五作业区

第六作业区

第九作业区

第四作业区

第一作业区

第八作业区

红旗镇

万宝河镇

本图采用北京1954坐标系　　　　　　　比例尺：1：500000　　　　　哈尔滨万图信息技术开发有限公司

附图7　七台河市区耕地土壤速效钾分级图

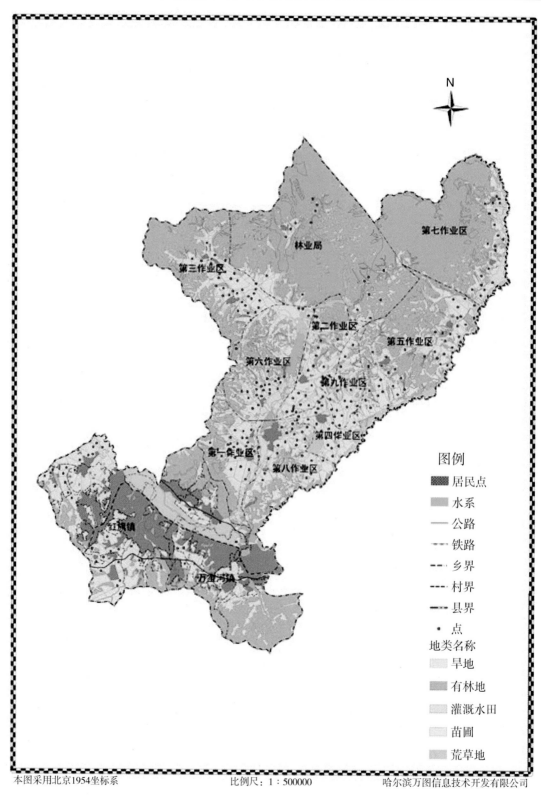

附图8　七台河市区耕地地力调查点分布图

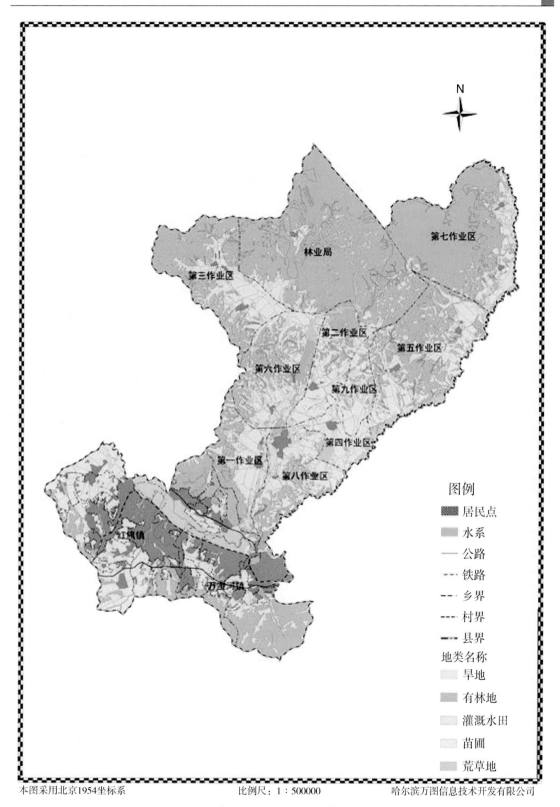

本图采用北京1954坐标系　　　　　比例尺：1：500000　　　　哈尔滨万图信息技术开发有限公司

附图9　七台河市区土地利用现状图

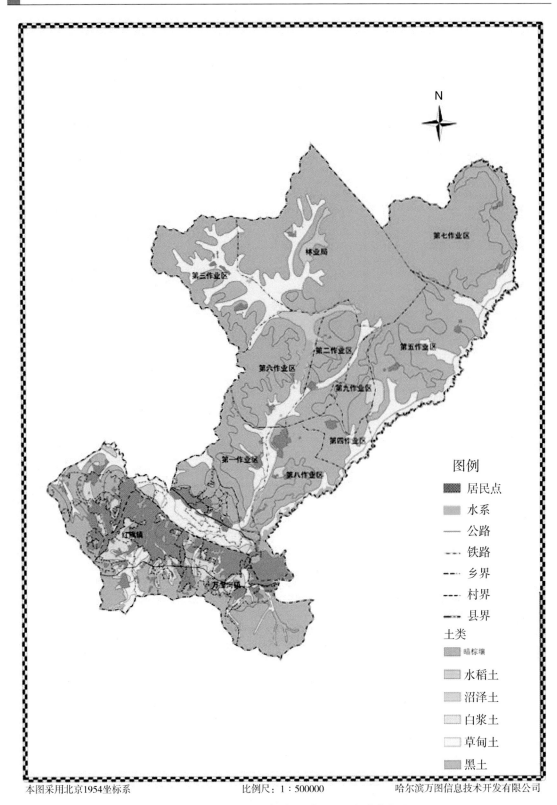

图例

居民点
水系
公路
铁路
乡界
村界
县界

土类

暗棕壤
水稻土
沼泽土
白浆土
草甸土
黑土

本图采用北京1954坐标系　　　　　　比例尺：1：500000　　　　　哈尔滨万图信息技术开发有限公司

附图10　七台河市区土壤图

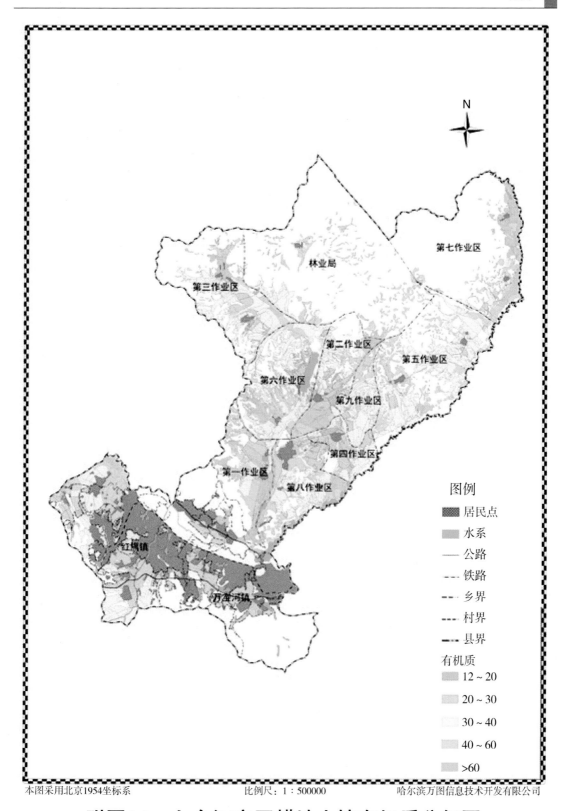

附图11 七台河市区耕地土壤有机质分级图

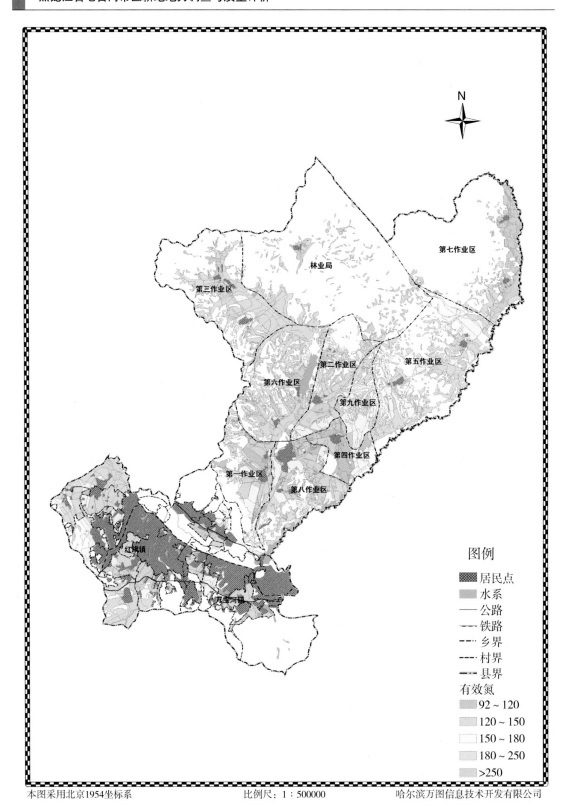

附图12　七台河市区耕地土壤有效氮分级图

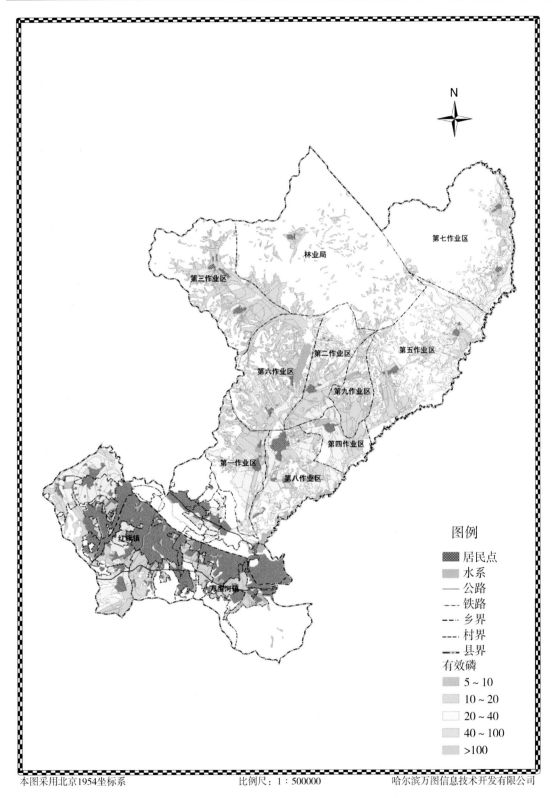

图例

居民点

水系

—— 公路

--- 铁路

-·- 乡界

---- 村界

━━ 县界

有效磷

5 ~ 10

10 ~ 20

20 ~ 40

40 ~ 100

>100

本图采用北京1954坐标系　　　　　比例尺：1：500000　　　　哈尔滨万图信息技术开发有限公司

附图13　七台河市区耕地土壤有效磷分级图

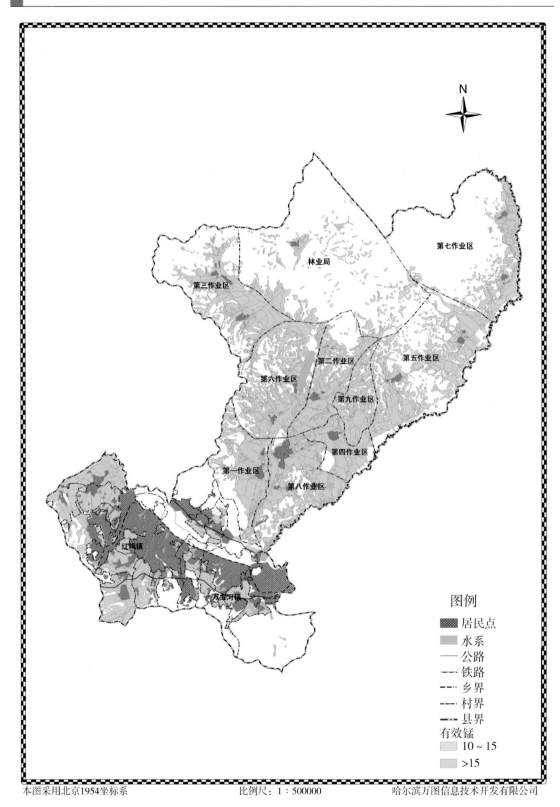

图例

居民点

水系

公路

铁路

乡界

村界

县界

有效锰

10～15

>15

本图采用北京1954坐标系　　　　　比例尺：1：500000　　　　　哈尔滨万图信息技术开发有限公司

附图14　七台河市区耕地土壤有效锰分级图

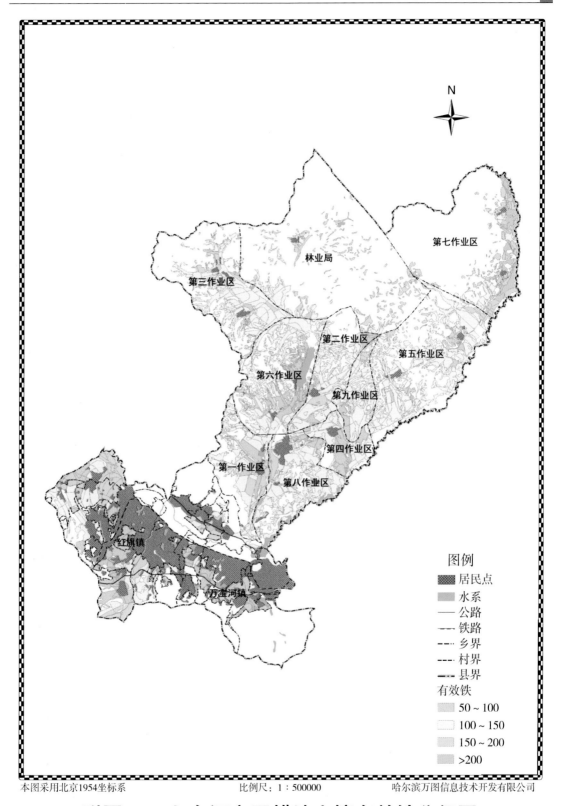

N

林业局

第七作业区

第三作业区

第二作业区

第五作业区

第六作业区

第九作业区

第四作业区

第一作业区

第八作业区

红旗镇

万宝河镇

图例
■ 居民点
■ 水系
— 公路
-- 铁路
-·- 乡界
--- 村界
—·— 县界
有效铁
50～100
100～150
150～200
>200

本图采用北京1954坐标系　　　　比例尺：1：500000　　　　哈尔滨万图信息技术开发有限公司

附图15　七台河市区耕地土壤有效铁分级图

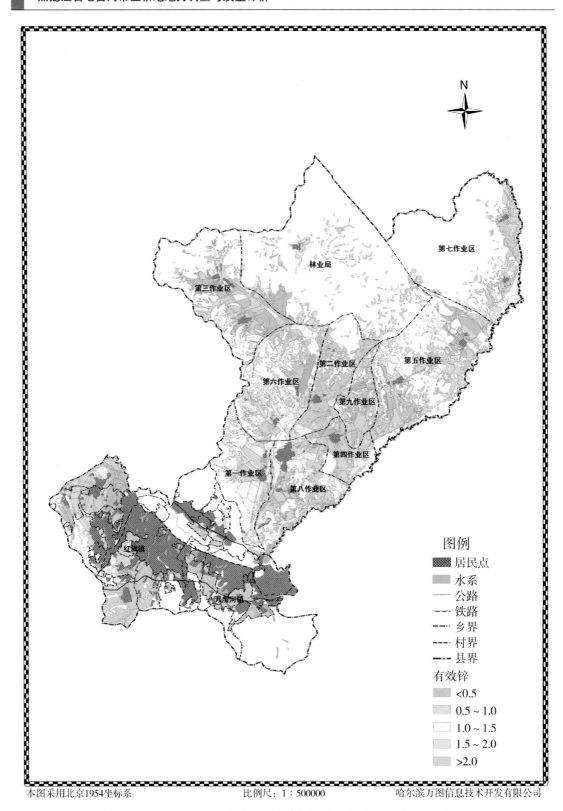

本图采用北京1954坐标系　　　　　　比例尺：1∶500000　　　　　　哈尔滨万图信息技术开发有限公司

附图16　七台河市区耕地土壤有效锌分级图